科学

哺育了

伟大国家

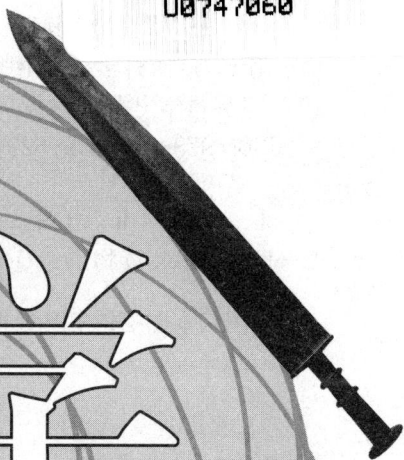

薛静 刘树勇 曾敬民 编著

广西出版传媒集团 | 广西科学技术出版社

图书在版编目（CIP）数据

科学哺育了伟大国家 / 薛静，刘树勇，曾敬民编著
. —南宁：广西科学技术出版社，2012.6（2020.6 重印）
（世界科学史漫话丛书）
ISBN 978-7-80619-623-6

Ⅰ．①科… Ⅱ．①薛…②刘…③曾… Ⅲ．①自然科学
史—世界—少年读物 Ⅳ．① N091-49

中国版本图书馆 CIP 数据核字（2012）第 137922 号

世界科学史漫话丛书
科学哺育了伟大国家
KEXUE BUYU LE WEIDA GUOJIA
薛静 刘树勇 曾敬民 编著

责任编辑	何杏华		封面设计	叁壹明道
责任校对	吴 琳		责任印制	韦文印

出 版 人　卢培钊
出版发行　广西科学技术出版社
　　　　　（南宁市东葛路 66 号　邮政编码 530023）
经　　销　新华书店
印　　刷　永清县晔盛亚胶印有限公司
　　　　　（永清县工业区大良村西部　邮政编码 065600）
开　　本　700mm×950mm　1/16
印　　张　17
字　　数　220 千字
版次印次　2020 年 6 月第 1 版第 4 次
书　　号　ISBN 978-7-80619-623-6
定　　价　29.80 元

青少年阅读文库

《世界科学史漫话丛书》

策　划：覃　春　于　宁
主　编：徐克明　申先甲

致二十一世纪的主人

（代　序）

钱三强

　　21世纪，对我们中华民族的前途命运，是个关键的历史时期。21世纪的少年儿童，他们肩负着特殊的历史使命。为此，我们现在的成年人都应多为他们着想，为把他们造就成21世纪的优秀人才多尽一份心，多出一份力。人才成长，除了主观因素外，在客观上也需要各种物质的和精神的条件，其中，能否源源不断地为他们提供优质图书，对于少年儿童，在某种意义上说，是一个关键性条件。经验告诉人们，一本好书往往可以造就一个人，而一本坏书则可以毁掉一个人。我几乎天天盼着出版界利用社会主义的出版阵地，为我们21世纪的主人多出好书。广西科学技术出版社在这方面做出了令人欣喜的贡献。他们特邀我国科普创作界的一批著名科普作家，编辑出版了大型系列化自然科学普及读物——《青少年阅读文库》以下简称《文库》。《文库》分"科学知识"、"科技发展史"和"科学文艺"三大类，约计100种。《文库》除反映基础学科的知识外，还深入浅出地全面介绍当今世界的科学技术成就，充分体现了20世纪 90 年代科技发展的水平。现在科普读物已有不少，而《文库》这批读物的特有魅力，主要表现在观点新、题材新、角度新和手法新，内容丰富、覆盖面广、插图精美、形式活泼、语言流畅、通俗易懂，富于科学性、可读性、趣味性。因此，说《文库》是开启科技知识宝库的钥匙，缔造 21 世纪人才的摇篮，并不夸张。《文库》将成为中国少年朋友增长知识，发展智慧，促进成才的亲密朋友。

亲爱的少年朋友们，当你们走上工作岗位的时候，呈现在你们面前的将是一个繁花似锦的、具有高度文明的时代，也是科学技术高度发达的崭新时代。现代科学技术发展速度之快、规模之大、对人类社会的生产和生活产生影响之深，都是过去无法比拟的。我们的少年朋友，要想胜任驾驭时代航船，就必须从现在起努力学习科学，增长知识，扩大眼界，认识社会和自然发展的客观规律，为建设有中国特色的社会主义而艰苦奋斗。

我真诚地相信，在这方面，《文库》将会对你们提供十分有益的帮助，同时我衷心地希望，你们一定为当好 21 世纪的主人，知难而进，锲而不舍，从书本、从实践吸取现代科学知识的营养，使自己的视野更开阔，思想更活跃，思路更敏捷，更加聪明能干，将来成长为杰出的人才和科学巨匠，为中华民族的科学技术实现划时代的崛起，为中国迈人世界科技先进强国之林而奋斗。

亲爱的少年朋友，祝愿你们奔向未来的航程充满闪光的成功之标。

主编的话

　　《世界科学史漫话》丛书（共 10 册），是《青少年阅读文库》的一个重要组成部分，是我们怀着美好的祝愿和真切的期望献给广大青少年朋友的一份礼物。

　　当前的时代，是科学技术飞速发展、新科技革命蓬勃兴起的时代。作为未来社会的建设者和主人，应该为着社会的进步和人类的幸福，把自己培养成掌握丰富科学文化知识的创造型人才。

　　"才以学为本"，"学而为智者，不学而为愚者"。要用人类创造的优秀科学文化成果把自己武装起来。科学史知识是这种创造型人才优化的知识结构中不可或缺的一个组分。任何科学知识的发现和技术成果的发明，都有一个酝酿、产生和发展的过程，这其中不但渗透着科学家们追求真理、献身科学、顽强拼搏、百折不挠、尊重事实、严谨治学的科学精神，而且包含着他们勇于探索、敢于创新、善于创造性地运用类比、模型、猜测、推理和想像等找到突破口的正确思路和科学方法。科学史就是通过这些生动具体、有血有肉的科学探索的史实，告诉人们科学是如何产生、如何发展的，那些名垂青史的科学大师们是如何成长、如何成功的。使读者从中受到感人至深、催人奋进的科学精神的激励，并从科学家们的成功与失败、经验与教训中学习科学方法，培养科学思维，领悟到一点科学创造的"天机"，获得超出课堂知识学习的有益启示。英国哲学家 F. 培根说："学史使人明智。"我国近代思想家梁启超也说，学史可以"益人神智"。

所以，对于有志于献身科学技术事业的青少年来说，应该知道毕达哥拉斯、亚里士多德、欧几里得、阿基米德；应该知道墨翟、扁鹊、张衡、李时珍；应该知道牛顿、道尔顿、达尔文、爱因斯坦、居里夫人；应该知道钱三强、丁肇中、李政道、杨振宁，应该知道相对论的提出，核裂变的发现，遗传密码的破译，大爆炸宇宙模型的创立；还应该知道近代以来几次科技革命的兴起和巨大社会意义。

在人类五千年的科技发展中，科学的发现和技术的发明比比皆是、不胜枚举，科学史的园地里真是五彩缤纷、气象万千，我们不可能对这个历史过程作全景式的描述。这套丛书就像一个科学史"导游图"，只是从各个历史时期的科技发展中，选择一些有代表性的典型事件，作为一个个"景点"，引导读者沿着历史的足迹，领略一下用人类智慧构筑成的科学园地奇伟瑰丽的景观。

愿这套丛书能够帮助青少年朋友增长知识，发展智慧，"站在巨人的肩上"迅速成才！

编者

目　录

开　　篇

幕下

公元前 4 世纪，希腊进入衰落阶段，史称后期希腊时期。希腊各城邦的政治斗争日趋激烈，政局动荡，城邦制度危机四伏。这时的哲学家、文学家和艺术家都以贩卖知识为生，自由自在的创作已不可能。然而，就在这时，北方的马其顿崛起，欲南下扫平南方。

马其顿王腓力二世（公元前 359 年～前 336 年在位）仿效希腊，改革陆军，创建海军，最终征服全希腊。亚历山大大帝（公元前 336 年～前 323 年在位）继位时年方 20。俗话说：自古英雄出少年。经过 10 年征战，亚历山大建立起横跨亚、非、欧的亚历山大帝国。

亚历山大征服波斯后，发现波斯的高度文化，这引起他的重视。他把大量的动植物标本送给恩师亚里士多德（公元前 384 年～前 322 年）进行研究。亚历山大为了巩固他的帝国，开始实行东西方文化合流的政策，把帝国人民的思想和生活方式统一起来。然而，亚历山大英年早逝，他身后的庞大帝国被部将一分为三：托勒密王朝、塞琉古王朝和马其顿王朝。

希腊后期文化虽然比它的全盛时期逊色，但是科学和文化仍有重要发展。在亚历山大里亚城，商人和学者云集，商人经商保证了城市的繁荣，学者研究也取得了许多成就。城市内有许多伟大的建筑，图书馆内藏有 50 万卷的手抄本书籍；博物院是当时东部地中海的科学中心，有大量的科学标本和研究材料。

希腊后期，天文学和数学的发展最显著。天文学研究已不限于宇宙本质问题，而涉及星体之间的关系。著名天文学家有亚历山大里亚博物院院长埃拉托色尼（约公元前 275 年～前 194 年），他科学地证明了地球为球形，并准确地推出地球直径和赤道长度。萨摩斯岛的阿里斯塔克（约公元前 310 年～前 230 年）提出古代"日心说"，被人们誉为"古代的哥白尼"，他认为地球有绕日公转和自转的运动。萨摩斯岛的希帕恰斯（公元前 190 年～前 125 年）测定了日地和月地间距离。公元 2 世纪时，亚历山大里亚城的著名天文学家托勒密（约 90 年～180 年）提出了"地心说"，统治欧洲天文学界 1200 多年。数学成就最具代表性的是亚历山大里亚城的欧几里得（约公元前 330 年～前 260 年），他第一次对几何学以严格的科学说明，建立起严整的几何体系。

在物理学方面，虽然成就远不及天文学和数学，但是天才的叙拉古物理学家和数学家阿基米德（公元前 287 年～前 212 年）为物理学发展奠定了实验基础，他测定王冠成分的实验是家喻户晓的故事。他首次将数学引入物理学，建立了科学的方法。他研制的许多军事器械用于对罗马的战斗中。

希腊后期，地中海除了东部的埃及、叙利亚和马其顿，北非沿岸的迦太基十分强盛。当时的一位迦太基海军将领扬言："不经我们的许可，罗马人不能在海中洗手。"罗马人统一意大利半岛后，为了夺取地中海的霸权，先后同迦太基打了三次大战，史称"布匿战争"。最终消灭迦太基，取得了地中海霸权。战争期间，英雄辈出，最突出的是年轻的迦太基统帅汉尼拔，他表现出杰出的军事指挥才能。

罗马还先后进行了两次土地改革，但是都失败了。此后，奴隶主阶级内部的斗争也趋于激烈，这是代表元老贵族派和代表骑士民主派之间的斗争，并且先后形成"前三头同盟"和"后三头同盟"，简称"前三头"和"后三头"。"前三头"是恺撒、庞培和克拉苏；"后三头"是安东尼、屋大维（恺撒甥孙）和雷必达。当屋大维成为独裁人物后，罗马完成了从共和政体向帝国政体的转变。

罗马在共和时代曾注意吸收希腊文化，并形成了自己的文化特点。罗马人在建筑上取得了巨大的成就，罗马城许多伟大的建筑十分有名：著名的弗拉维圆形角斗场，可容纳 9 万人；每日供罗马人饮用水 95 万立方米的 11 条水道，十分宏伟；尤其引人注目的是罗马许多壮丽的广场，两旁矗立着大理石雕刻的皇帝造像、凯旋门和纪功碑。凯旋门和纪功碑大都饰以美丽和精美的浮雕，例如，图拉真皇帝建立的圆形纪功碑，高达 35 米。万神庙是罗马式穹顶技术的最高代表，穹顶直径为 43 米，顶高也是 43 米。罗马城巴拉丁山岗上的阿德良离宫光辉耀目，并且力学设计合理，构图上有很大突破，丰富了建筑文化。除了罗马城，罗马帝国的许多省城也有一些重要建筑。另外，罗马公路建设十分发达，2世纪时，罗马帝国境内有372条公路，长达8万千米。

在一般的建筑科学上，罗马人也有所建树，军事工程师维特鲁威尔的《建筑十书》（成书于1世纪）是建筑学方面的代表。到15世纪后期，它成为欧洲建筑学的基本教材。水利工程学者郎福清在1世纪末编写了罗马水道学。

公元前2世纪，小亚细亚人斯特累波编著地理学，它记述了由不列颠到远离罗马的中亚细亚和印度的范围。公元1世纪中叶，老普利尼（23年～79年）编著《自然史》（37卷），它包括天文学、动物学、植物学、矿物学等学科的知识。

罗马帝国末期，奴隶制已成为生产力发展的阻力和障碍，使奴隶制经济陷于严重的危机。同时，北方蛮族的不断入侵，最终于476年导致罗马帝国的灭亡。此帝国史称西罗马帝国。

正如古希腊文化哺育了伟大的亚历山大、罗马帝国一样，春秋战国的文化哺育了伟大的秦、汉帝国。

中国古代的秦汉时期是科学技术发展的一个高峰时期。秦始皇统一中国之后，下令统一文字、车轨、货币和度量衡，修筑堤防，疏浚河道，开凿灵渠，整治长城，以巩固他的统治地位，同时对生产的发展和科学技术的交流、传播也产生了深远的影响。汉朝继续采取巩固和发展封建制的政策。西汉初年，百废待兴，百业待举。西汉统治者采取了休养生息、提倡农桑、减徭薄赋、鼓励人口增殖和土地开垦等一系列政策，使封建经济得到恢复和进一步发展。汉武帝时期开辟的通往西域的"丝绸之路"，促进了国内各民族之间以及中外经济、文化的交流。西汉时期出现的数学名著《九章算术》、农业著作《氾胜之书》以及大型水利工程的兴修、造纸术的发明等等都表明了这一时期科学技术的发展总趋势。

西汉末年和王莽统治时期（9年～23年），土地兼并现象日益严重，大批的农民沦为奴隶，地主阶级和农民之间的矛盾十分尖锐，终于爆发了以赤眉、绿林等为代表的农民起义，沉重地打击了豪强地主势力。公元25年建立的东汉王朝重新对封建制内部的生产关系作了调整，颁布了许多道释放部分奴隶并且提高奴婢地位的诏书，促进了生产力的解放和发展。

东汉前期，封建统治者对农民的租税徭役相对减轻，治理黄河、兴修水利之举再度受到重视，为农业生产与社会经济的恢复和发展创造了条件。这一时期涌现了以张衡为代表的一批科学技术专家，在天文、地理、医学、冶金、造纸等领域，都取得了显著进展。在思想上，出现了以王充为代表的哲学家建立的唯物主义思想体系，它与谶纬之说的神学体系相对立，活跃了人们的思想，对当时乃至后世都产生了深远的影响。

东汉末年，尽管政治腐败，社会混乱，但是仍然出现了著名的医学家张仲景（150年～219年）、华佗（145年～208年）和天文学家刘洪（约135年～210年）等人，他们分别在医学和天文学方面都取得了重大的成果。

中国战国晚期和秦汉时期相当于古希腊的亚历山大时期。在亚历山大后期，古希腊、古罗马出现了托勒密、盖伦等天文学家和医学家，他们对天文学和医学方面的科学成果进行总结，形成了古希腊罗马天文学、医学的独特体系。但是由于他们后继无人，他们只是古希腊罗马科学的终结代表人物，在他们之后，科学的发展长期处于停滞状态。而此时中国的科学技术发展水平已经不低于甚至已经超过了古希腊，达到了一定的高度。张衡比托勒密早约20年，而张仲景约比盖伦小20岁，他们分别为中国古代天文学、医学体系的形成作出了很大的贡献。他们又是继往开来的人物，在他们之后中国的科学技术得到持续不断的波浪式的发展，并且逐渐形成高峰。

东汉末年，封建统治者的腐败终于导致了农民的反抗。波澜壮阔的黄巾军大起义，以摧枯拉朽之势，迅速瓦解了东汉的腐朽政权。公元220年（汉献帝建安二十五年），军阀间的兼并战争逐步形成了曹魏、孙吴和蜀汉三国鼎立的局面。从此经历了西晋（265年～316年）、东晋（317年

～420年）和南北朝（420年～589年），前后大约360多年，除西晋灭吴（公元280年）后有过短暂的统一外，中国长期处于南北分裂的状态。

在这个历史阶段中，虽然战争频繁发生，生产遭到严重破坏，但是各分裂政权的统治者为了自身的生存和战争的需要，采取积极恢复生产的措施，使得生产和科学技术在和平安定的间隙中迅速恢复、发展。由于战乱，中原人民为了生存，很多人不得不背井离乡流徙到较为安定的江南或边远地区，同时也把比较先进的科学知识和生产技术带到这些地方，这在客观上也促进了民族的大融合和科学技术文化的相互交流，提高了整个中华民族的科技文化水平，使科学技术在秦汉时期的基础上又前进了一步。在这一时期，出现了一批杰出的科学家，如天文学家虞喜、数学家刘徽、医学家张仲景、葛洪、王叔和、皇甫谧以及地学家裴秀、机械制造家马钧等，他们在中国科技史上占有很重要的地位。

亚历山大篇

科学的百花园

公元前 4 世纪，希腊奴隶主和奴隶之间的阶级矛盾日益尖锐，奴隶们不断反抗奴隶主的斗争，加上雅典和斯巴达之间的长期战争，使得希腊许多城邦国家的力量大大削弱。

早在公元前 6 世纪，希腊北部的马其顿就已从原始社会进入奴隶社会，他和希腊各城邦的相互来往非常密切，并且已接受了希腊先进的科学技术和文化。公元前 338 年，马其顿征服了整个希腊。公元前 336 年，年轻的亚历山大大帝（公元前 336 年～前 323 年在位）继位做了马其顿王国的统治者。亚历山大是伟大的科学家亚里士多德（公元前 384 年～前 322 年）的学生，他是古代最有科学素养、最懂得科学价值的统治者。公元前 334 年，亚历山大开始东渡进行远征。在每次远征的过程中，他都带着工程师、地理学家和测量师等随从人员。这些人绘制了征服国家的地图，记载下这些国家的资源，搜集了大量关于自然、历史、地理、动植物等方面的观察资料。植物学家狄奥弗拉斯图在他的植物学著作中就利用了这些观察资料；而亚里士多德的另一个学生第凯尔库斯（约公元前 355 年～前 285 年），则利用这些地理学知识绘制了一张已知世界的地图。亚历山大帝国的远征和统一不仅促进了航海和贸易，而且也促进了东西方科学技术和文化的交流。当希腊人进占了文明古国美索不达米亚之后，美索不达米亚的天文学和数学知识进一步丰富了希腊的科学宝藏。

公元前 332 年，亚历山大军队在击败了一支波斯军队、征服了埃及之后，在埃及的尼罗河口建立了一个希腊化的城市，取名亚历山大城。

此时希腊科学的中心从雅典移向了埃及的亚历山大城。

公元前 323 年，亚历山大去世。当后继人还没有续位时，部下的将军们就开始四处瓜分土地，据为己有。此时，统治埃及的托勒密（公元前 367 年～前 283 年）承袭了亚历山大帝的政策。和亚历山大一样，托勒密也曾是亚里士多德的学生。他主张只有提高文化水平，才能使整个国家繁荣、强盛。在埃及称王之后，托勒密把亚历山大城当作首都，并在这里建立了国家博物院，也就是亚历山大博物院。这座博物院既是一座培育人才的高等学校，也是一个科学家聚集的科学研究基地。这里曾广泛招徕有才能的学者，诸如数学家欧几里得（约公元前 325 年～前 270 年）、阿基米德（约公元前 287 年～前 212 年）、阿波罗尼乌斯（公元前 2 世纪）、地理学家埃拉托色尼（公元前 3 世纪）、天文学家阿利斯塔克（约公元前 310 年～前 230 年）等人都曾在这里从事教学和研究工作。托勒密不仅把这批当代最有学问的科学家集中在这里工作，而且供给他们较高的薪金，使这些科学家们用不着考虑经济问题，不需要为糊口而发愁操心。他们无后顾之忧，全心全意地从事他们的科学事业。在他们周围，全是些才华横溢的科学家、思想家，他们可以随时在一起研究和争论。这里的图书馆拥有约 50 万卷图书，它是古代最为宏大的图书馆，几乎收藏了所有的希腊著作和一部分东方典籍。博物院分为文学、数学、天文学和医学四个部门，还设有一个动物园、一个植物园、一个天文台和许多解剖室。亚历山大博物院恰似一座科学的百花园，从它落成开始，就不断盛开最美好、最鲜艳的科学技术之花。这里开始成为世界文化的圣地，希腊文明之花在这里竞相开放。有人把它与文艺复兴以及现代文明相媲美，认为是它们共同构成了人类文明最为辉煌的三个时代。

遗憾的是，这座规模壮观的博物院在罗马人统治非洲地中海岸地带后开始遭到严重破坏，图书馆也开始遭到浩劫，古希腊科学家流传下来的许多文化资料被烧毁了。但是一些科学家的有价值的著述仍被后人保留了下来，它们对科学技术的发展起了很大的作用。人们将永远怀念这些为人类科技文明作出了重大贡献的科学家们！

数学家的圣经——《几何原本》

《几何原本》是古希腊伟大的数学家欧几里得（约公元前 325 年～前 270 年）所著的一部几何学教科书，几经修改，它仍然是当今几何学的权威著作。

欧几里得是托勒密为了繁荣亚历山大博物院的数学学派而聘请的一位数学家。由于他学识渊博，勤奋治学，善于培养人材，很快就使亚历山大城成为远近闻名的数学研究中心。有关欧几里得的历史记录，可能在亚历山大博物馆被烧毁时也被付之一炬了。但是从残存的一些古文献的记载推测，他大约在公元前 325 年出生于雅典。他曾是柏拉图的学生，曾经在"不懂数学者免进"的柏拉图学院学习过。

欧几里得

欧几里得一生性格正直，表里如一，从不搞阴谋诡计。他专心研究科学，对于从事数学研究的有志之士，他总是循循善诱地教导；而对于那些在学习上不肯刻苦钻研、投机取巧的学生，他也常用辛辣讽刺的语言来鞭挞他们。据说有一个青年学生，刚刚开始学第一个命题时，他就问欧几里得，学了几何学之后，他将得到些什么。欧几里得回答说："给你三个钱币，因为你想在学习中获取实利。"此外，对于有权势的王公贵族，欧几里得也从不阿谀奉承。传说，托勒密国王在向欧几里得学习几何时，曾经问他能不能把几何的证明搞得简单易懂些。当时欧几里得并没有顺从地回答国王的问题，而是严肃地对国王说："在几何学领域里是没有帝王走的康庄大道的！"这句话长久地流传下来，许多人把它当作学习几何的箴言。这两件事情可以清楚地告诉我们：学习不是一件容易的事，只有经过长期的刻苦钻研和不懈的努力，方能学到真正的知识和技能。

欧几里得一生写过不少数学、物理学方面的著作，其中最重要的是《几何原本》。这是最早的一本内容丰富的数学书，全书共有 13 卷。其中第 1～6 卷为初等几何部分；第 7～9 卷是关于数的理论；第 10 卷是关于不尽根的几何解法；第 11～13 卷为立体几何学。这部巨著主要是对前人遗留下来的数学知识加以整理和总结。古典时期的希腊数学家们，发掘了异常众多的数学材料，摘取了光彩炫目的数学成果。但是，数学不能只是材料的堆砌，成果的罗列。于是，总结先辈们开创的数学研究，就成了后代希腊数学家义不容辞的职责。而欧几里得的《几何原本》正是在系统地整理了前人的数学研究之后，对古典时期的希腊数学所作的一个精彩的总结。欧几里得把许多世代的几何发明和创造经过加工熔为一炉，用更加简明、更具有逻辑的语言加以说明。

在《几何原本》这部著作中，尽管欧几里得本人创新的东西很少，但是对于编排体系却有他的独到之处：该书先摆出公理、公设、定义，然后再有条不紊地由简单到复杂证明一系列定理。这种方式一直沿用至今，大大地推进了数学的发展。甚至今天中学里学习的几何课本的编排还是仿照法国数学家拉格朗日（1736 年～1813 年）的《几何原本》改写本写的。

　　欧几里得的《几何原本》大约在公元前 300 年刚一问世，就获得了高度的重视，成为几何学经典著作，被广泛使用、普遍传习和大量出版。历史上任何著作都无法与它相比，只有《圣经》才堪称例外。因此，《几何原本》被誉为数学家们的圣经。自 1482 年到 19 世纪末，《几何原本》竟被用各种文字印了 1000 个版本。16 世纪末，由意大利传教士利玛窦口译，大数学家徐光启笔录，把前 6 卷译成中文，于 1606 年发行。后几卷由数学家李善兰与英国伟烈亚力合译，于 1857 年出版。

　　当然，由于受时代的限制，《几何原本》也有它不完善的地方。例如，基础部分不够严密，有些证明也有遗漏和错误，不少地方用特例来证明一般，某种程度上还是前人著作的堆砌等等。但是它仍不失为科学著作的典范。两千多年来，《几何原本》引导一代又一代青年人跨入辉煌的数学殿堂。哥白尼、伽利略、牛顿以及许许多多的大科学家，年轻时都曾认真地学习过这本书。至今这部著作仍在几何学中占据着统治地位。

日心说的先驱

太阳每天清晨从东方升起，傍晚在西边落下，而大地却是不动的，这是生活在地球上的人们每天都看到的情景。亚里士多德根据人们的这一感觉经验，提出了太阳围绕地球运动的地心说。这在当时是很容易被人理解和接受的。到了亚历山大时期，亚历山大城的第一个著名的天文学家阿利斯塔克（约公元前310年～前230年）却提出了一个与之相反的学说——日心说。

阿利斯塔克公元前310年出生于爱琴海的萨摩斯岛，卒于公元前230年左右。他所生活的时代正是古希腊文化繁荣时期，科学技术特别是天文学已经相当发达，出现了一大批科学家、哲学家。

萨莫斯的阿利斯塔克

阿利斯塔克提出的日心说是以日、月、地三者之间的距离及其它们的大小为根据的。他设想，如果在上弦①或下弦②时，地球、月亮和太阳必然处于直角三角形的三个顶点（见下页图）。根据几何学原理，就可确定该三角形各边的相对长度，也就可以测算出太阳距地球和月亮距地球的相对距离。这样他算得太阳距地球是月亮距地球的18倍～20倍，而实际上约为400倍。尽管阿利斯塔克的测量结果不是很精确，但理论上是正确的，而且原理简单，因此，这种方法一直沿用了一千多年。

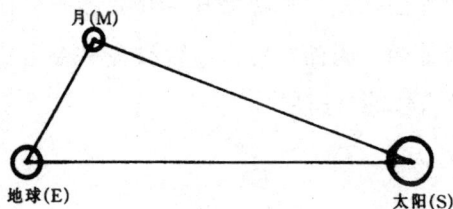

月(M)

地球(E)   太阳(S)

在上、下弦月时

后来，阿利斯塔克根据月食时观察到地影弧线和月面弦线的不同曲度，大致估计出地球直径是月球直径的3倍。如果太阳距离我们为月球距离我们的20倍，那么太阳的直径大约是地球直径的7倍（实际上太阳直径比地球直径大100倍）。

在阿利斯塔克看来，小物体应该围绕大物体运转，由于太阳比地球大得多，太阳绕地球旋转的地心说是不太合乎逻辑了。因此，他认为宇宙的中心是太阳而不是地球。他还指出：地球每天自转一周，导致太阳的东升和西落，地球每年绕太阳公转一周，才产生天体的周日周年的变化。他还认为太阳和恒星一样都是静止不动的。

现在，全世界大概再没有人相信地球是宇宙中心、太阳围绕地球转了。但是，在两千多年前提出日心说却是相当了不起的。

---

① 上弦：农历每月初七或初八，太阳跟地球的连线和地球跟月亮的连线成直角，在地球上看到月亮呈）形，这种月相叫上弦。

② 下弦：农历每月二十二日或二十三日，太阳跟地球的连线和地球跟月亮的连线成直角时，在地球看到月亮呈（形，这种月相叫下弦。

　　尽管阿利斯塔克的先进思想在当时并未产生巨大影响，但是他的思想却十分幸运地被保留下来。他的著作《论日月的大小和距离》至今仍可以见到。他的先进思想和光辉的著作对 16 世纪波兰伟大的天文学家哥白尼起到了巨大的启发作用，使其萌发了日心地动的思想，并系统地提出了太阳中心说理论。此后，又经过开普勒、伽俐略、牛顿等人的艰辛研究，发现了木星的四大卫星和金星的位相变化等。以后又发现了天王星和海王星，证明了日心说的正确性。特别是 18 世纪发现了光行差，19 世纪发现了恒星的视运动和恒星光谱线的周年位移，使地球绕太阳转动的学说进一步得到证明。因而，恩格斯赞誉最早提出这一理论的天文学家阿利斯塔克为"古代的哥白尼"。

亚历山大时期的解剖学研究

　　亚历山大时期，科学研究不仅仅在数学、天文学、物理学等方面取得了成绩，其他学科如医学也得到蓬勃发展，尤其是医学领域的解剖学取得了巨大的进步。

　　埃及有个传统，就是在人死后，把尸体剖开，取出它的内脏器官，以便保存尸体。也许正是这个传统使希腊人克服了对尸体解剖的厌恶情绪。因此，在亚历山大早期，就出现了有关人体解剖学研究的活跃局面。这个时期最著名的解剖学家是赫罗菲拉斯（约公元前 320 年～?）和埃拉西斯特拉塔（约公元前 304 年～前 250 年）。遗憾的是有关这两位科学家详细生平的记录以及他们一生的著述都已失传了，我们只能从后人引用他们的话或评论他们的文章中知道一些他们的情况。

　　赫罗菲拉斯是希腊凯尔西顿（今土耳其伊斯坦布尔郊区卡迪柯伊）人。据说他是第一个当众进行解剖表演的人。他刻苦钻研了人体结构，并与动物结构进行比较。雅典时期的著名科学家亚里士多德曾提出：心脏是体内最主要的器官，是智力的主要来源。而赫罗菲拉斯通过解剖发现，脑才是智力的来源。他还把神经分为感觉神经（指接受感觉信号的神经）和运动神经（指刺激运动的神经），并对神经系统，其中包括脑和脊椎及神经之间的关系，已经有了一个全面、系统的看法。他还描述了眼睛和消化管道的结构，特别是他注意到肝形状的可变性。

　　赫罗菲拉斯是第一个区别出静脉和动脉的人，他注意到动脉有强有力的搏动，而静脉却没有，他用水钟来测定脉搏的时间，并且注意到身体健康或患疾病时，脉搏跳动的情况有所不同。但他却没有能够弄清动脉搏动和心脏跳动之间的关系。他认为动脉和静脉这种管道都是运输血液的，并指出放血可以治疗疾病。这一论点在医学上起的有害作用长达2000年之久。

埃拉西斯特拉塔是希腊希俄斯（今爱琴海一岛）人，青年时曾在雅典接受教育，后来到亚洲旅行，在那里任一度统治了大部分波斯王国的西鲁克斯一世的宫廷御医。以后他又来到了亚历山大从事医学研究。

埃拉西斯特拉塔是第一个真正精确描述心脏（包括半月瓣、三尖瓣、二尖瓣的结构）的科学家。他特别注意心脏、静脉和动脉的结构和功能，他把心脏看作是一个水泵，把"膜"（即瓣）看作是一个在单方向的泵中可以活动的阀门。这种丰富的想象力把不同的学科（医学和机械学等）富有成效地联接在一起，这正是埃拉西斯特拉塔研究心脏过程的杰出之处。

在研究循环系统时，埃拉西斯特拉塔认为神经是中空的，它是输送"神经元气"（生命的灵气）的场所，动脉输送动物的元气，只有静脉输送血液。他认为引起身体疾病的原因主要是"多血"，就是来自没有消化的食物的血液太多了，堵住了元气在大动脉内的循环，局部区域的血液过多就会引起周围组织的损伤。要治疗疾病，他认为要用饥饿的办法减少血液的产生，以此干扰血液的供应。若是局部性疾病，可以采用局部饥饿的方法，也就是简单地结扎患部所在肢体的近心端，减少患部区域的血液供应，造成局部饥饿，直到患处的"多血"被消耗光。

埃拉西斯特拉塔对循环理论作了认真地观察和总结，可惜这些结论都是错误的。但是他和他的学派使用的绑带结扎伤口止血的方法却是医学上的一大发明。直到现在，在某些紧急的情况下，还采取这种方法以防血液过多流失。据说埃拉西斯特拉塔在他晚年时，诊断出自己患了癌症，为了避免这种疾病带来的痛苦而自杀了。

直到公元前2世纪，由于埃及人逐渐厌倦了对人体的解剖，越来越多的人开始反对解剖人体或动物体，使得赫罗菲拉斯和埃拉西斯特拉塔开创的解剖学研究开始衰落。直到1500年后，人体解剖学才复苏再生。

水 钟

  "日出而作，日入而息。"自古以来，地球的自转就是人们的作息时间表。随着社会的进步，有必要将一天分成更小的时间单位。中国西汉时的日晷，就是在一个圆盘（叫晷面）上分 100 刻，为一天；其中有 69 条线，每一条线看作一刻，约占总圆周的 2/3 。圆周中央立一个表叫晷针，晷针在阳光的照射下会出现影子，影子到了什么刻线上就是什么时刻。这种以太阳测时间的日晷如今在北京故宫博物院和午门前都还能看到。

  然而，阴天下雨是不可避免的自然现象。遇上阴雨天或是在晚上没有了阳光，人们对时间的测定就出现了困难。后来，人们又发明了漏壶，它是用漏水来计量时间的一种计时仪器，古埃及人与古中国人都是用这种计时仪器来测知时间的。

  漏壶的原理较为简单，就是用一个壶，下面开个小孔，里面的水从孔里往外流，以此来掌握时间的流逝。但是这种漏壶漏水的现象很不均匀，水满时漏水的速度就快，水少时漏水的速度就慢。因此，这种漏壶判断时间的方法也很不准确。到了亚历山大时期，希腊的发明家特西比乌斯（约公元前 300 年～?）通过长期的实践，改进了古埃及的计时器，发明了水钟。

  在水钟这种计时装置中，水以稳定的速度滴入圆筒容器，使容器中带指针的浮物升起，这样就标出指针在圆筒上的位置，从这些位置就可读出时间。特西比乌斯与古代中国人一样把白天和夜晚的时间各分 12 等分，这就意味着夏天白昼的每一等分的时间长，夜晚每一等分的时间短，而冬天则恰恰相反。以此圆筒可以灵活地调整，所以能在一年的不同时间使用。

特西比乌斯改进的水钟是亚历山大时期以来最好的时钟，但是它仅对小时或刻一类的较大时间间隔才精确。直到 1656 年，荷兰物理学家和天文学家惠更斯的摆钟问世后，以水钟计时的方法才被淘汰。

有关特西比乌斯的详细情况，我们了解甚少，从后人对他的有关评论中我们得知：他是希腊伟大的发明家，一生受到阿基米德的极大影响，为亚历山大的工程学研究奠定了坚实的基础。他的第一个发明就是为了方便作为理发师的父亲，他给理发师的镜子上配上了一块铅，用以平衡它的重量。

特西比乌斯一生在机械工程方面有过不少的发明，一些成果对 100 多年后的海隆等人仍有很大的影响。不过在这些发明中最为著名的就是对水钟的改进。

王冠之谜

在地球零度经线穿过的地方，有一介于亚、欧、非三大洲之间的著名水域，叫作地中海。地中海的第一大岛就是西西里岛。在远古时代，岛上有一个滨海的叙拉古城，即现在的锡腊库扎市，那是一个城堡国家。伟大的物理学家、数学家阿基米德（约公元前287年年～前212年）就诞生在这座城堡里。

公元前287年阿基米德出生于叙拉古的一个贵族家庭里。他的父亲是有名的数学家和天文学家，这对他的成长极为有利。阿基米德刚满11岁时，就被送到当时的世界科学文化中心亚历山大城接受教育。在这期间，他勤奋好学，善于钻研，兴趣广泛，在不长的时间里就取得极好的成绩。在这里，阿基米德还结交了许多有志青年，并在他学成归乡之后，继续同他们保持书信往来，探讨在研究物理学和数学等方面的过程中遇到的许多问题，并且注意吸收别人的知识和意见，从中学习许多有益的东西。阿基米德的部分著作就是通过给这些科学家的书信而保存下来的。

在阿基米德的一生中，他不仅在数学、天文学、物理学等许多领域都取得了光辉的成就，而且把数学物理知识应用于实际，

阿基米德

发明了许许多多的机械装置。关于阿基米德一生的贡献，流传着许多有趣的故事，"王冠之谜"就是其中的一个。

传说阿基米德的亲戚、当时的叙拉古国王亥厄洛（公元前 308 年～前 216 年），让工匠制作了一顶金王冠。当王冠做成后，亥厄洛看着这个样式精美、其重量又恰巧等于国王给工匠的金子的重量的王冠，很是放心不下，唯恐工匠在王冠里掺入了其他金属。于是，国王下令在不许损坏王冠的前提下进行检验。在当时科学技术很不发达的条件下，要解决这个难题确实很困难，所以没有人敢接受这项任务。最后，亥厄洛国王把这个任务交给了阿基米德。

阿基米德也被这个问题难住了，他用尽了当时能够用的一切实验方法，但都失败了。他朝思暮想，顾不上洗澡、换衣裳。直到有一天，亥厄洛国王要召见他，询问有关王冠的情况，阿基米德才不得不走进澡堂。他刚站进澡盆，水面就开始上升。于是他坐下来，这时水溢到了盆外，同时他感觉到身体在水中的重量减轻了许多。他恍然大悟，忙从澡盆里跳出来，冲出澡堂，径直向皇宫跑去。在大街上边跑边喊："攸勒加！攸勒加！"意思是"我找到了！我找到了！"沿街的人们都被他的举动吓呆了，以为他得了精神病。原来他找到了测定王冠是否纯金制成的方法。

阿基米德发现浮在水中的人体重量等于溢出盆外的水的重量。他让国王拿出王冠和同原来制作王冠一样大小的纯金块。他向一只瓦罐里倒

阿基米德测定王冠比重

满了水，使水满到边上，再把瓦罐放在一只大钵里，然后他把王冠放进瓦罐，仔细测量了从瓦罐漫出到大钵里的水量。接着，他把王冠从瓦罐里取出后，再把瓦罐装满水，又把金子放在水里。他又计量了溢出的水。如果王冠是用那块纯金制作的，它们的重量应该相等，那么，它们排出的水量也应该相等。然而王冠在水中排出的量要比金子排出的量稍多一些，这就说明王冠之中掺入了别的金属。最后，欺骗国王的工匠受到了应有的惩罚。

"王冠之谜"这个故事的科学道理是深刻的，阿基米德从洗澡这个平常的生活琐事中总结出了很有价值的物理学定律。在《浮体论》一书中，阿基米德写道："浸在液体中的物体受到向上的浮力，其大小等于物体所排出液体的重量。"这就是著名的浮力定律。

浮力定律不仅为解决一些实际问题创造了条件，而且为牛顿力学的建立铺下了基石。

我将要移动地球

　　阿基米德在重视理论科学研究的同时，还注意把科学和技师、工匠的实践活动结合起来。杠杆原理的发现，就是一个很好的例证。

　　杠杆很早就已被人们使用，1500 年前左右，埃及人已经学会用杠杆来抬重的东西了，不过在当时并没有人懂得其中的道理。阿基米德通过细心观察和认真研究，发现了这一原理完整的数学关系。他指出：在支点远端的一个小物体，会与在支点近端的一大物体平衡。而且指出该物体的重量与离支点的距离成反比。阿基米德的这一杠杆原理解释了为什么一大块顽石能用铁棍撬起的原因（见下页图）。

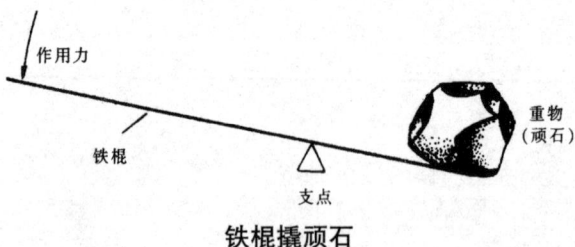

铁棍撬顽石

　　这是因为铁棍就是一个杠杆，它在远端的力与铁棍近端的顽石的力相平衡，顽石再大，只要在适当距离处用力就可以把石头撬起。

　　关于这个原理的应用，还流传着一个动人的故事。传说，一次阿基米德在和亥厄洛国王讨论问题时说："如果给我一个站脚的地方，我将要移动地球！"国王听罢非常吃惊，以为他是在夸口，于是就命令他去移动停放在海岸边陆地上的一艘大船。这条船是亥厄洛国王为埃及国王制造的，由于体积过大、重量过重，很多人拉不动而感到束手无策，所以船放了很久也没有能把它推到水里。

听到亥厄洛国王的命令，阿基米德并没有显露出着急的神色。经过一段时间的准备，他设计并制作了一套复杂的滑轮杠杆，安装在船边上，随后叫人按住杠杆，拉动滑轮的绳索，船渐渐地移动了。当大船慢慢地移动到水里时，亥厄洛国王和他的大臣们以及围观的群众都惊奇得目瞪口呆："这简直是奇迹，好像是在变魔术。"国王十分佩服，派人贴出一张布告："从此以后，无论阿基米德讲什么，都要相信他。"

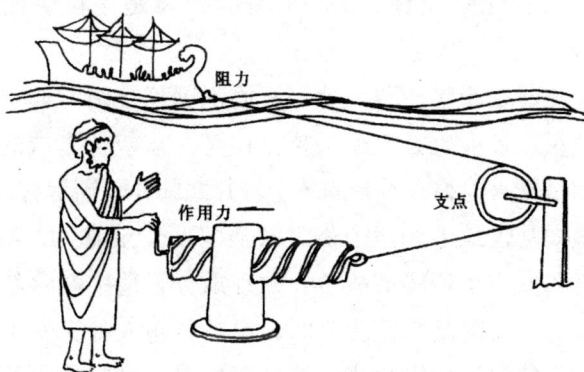

阿基米德利用滑轮杠杆拉动大船

这个故事中，阿基米德设计的滑轮也是一种杠杆，滑轮使得作用力能够连续不断地起作用，从而移动了大船。杠杆原理的发现，为人们的日常生活解决了不少的实际困难。在科学上更为重要的是它把重量和距离的定量测定概念用于科学观察上。1544年他的著作被译成拉丁文之后，极大地鼓舞了伽俐略等伟大的科学家，沿着阿基米德的研究方向，科学家们不断地进行新的探索。杠杆原理和浮力定律的发现为牛顿建立力学宫殿奠定了坚实的基础。

阿基米德之死

阿基米德不仅是一位伟大的科学家，他还是一位坚强、勇敢的爱国者。

叙拉古在当时是希腊的殖民地，亥厄洛国王统治时期，这里到处充满了和平的气氛，社会也是繁荣昌盛。但是，在叙拉古城的周围，在地中海沿岸，却是烽火连绵。希腊的各个城邦之间在不断地打仗。

罗马和迦太基是地中海两个最大的强国。公元前241年，罗马远征军与迦太基之间发生了残酷的战争，并且瓜分了地中海除叙拉古城以外的整个西西里岛。在阿基米德晚年时，罗马与迦太基又发生了第二次交战。当时迦太基的领袖是汉尼拔，他是历史上一名很伟大的将军。公元前218年，他率军侵入意大利，从此开始建立他的江山。

阿基米德时代的地中海形势

　　亥厄洛国王曾同罗马人订立盟约，并一直忠实此约，两个国家和睦相处。但是在公元前 212 年，亥厄洛国王逝世，由其孙子亥厄洛尼牟斯继位之后，罗马和叙拉古之间的长期同盟就被破坏了，亥厄洛尼牟斯国王倒向了迦太基人这一边。罗马军队在马塞拉斯将军率领下开始进攻叙拉古城。罗马军队把叙拉古城团团包围，罗马战舰有恃无恐，耀武扬威地驶近叙拉古城下，叙拉古军队孤立无援，势如累卵。

　　在这种情况下，阿基米德尽管不赞成战争，但是为了保卫自己的国家，他不得不决定制造一些可以用于保护国家的武器。他设计并制造了一种叫作石弩（nǔ）的抛石器，能把很大的石块抛向罗马兵船或兵营里去，还可以使用发射机把矛和小石块射向罗马士兵。就是这种抛石器，击溃了敌人一次又一次的进攻，把罗马军队阻止在叙拉古城外达 3 年之久。

阿基米德用大型青铜凹面镜会聚阳光焚烧敌舰

阿基米德设计制造大型起重机将敌舰吊起和抛掷

据说，伟大的阿基米德在反击罗马军队时还设计并制造了一面大型凹镜。这面凹镜把太阳光集中在一点上，温度可以达到很高，足可以使船帆燃烧起来。此外，他还发明了一种大型的起重机，它可以挂住罗马军队的战舰，高高地吊起，然后再将其摔下大海，船破人亡。

在三年的战争中，阿基米德并没有让罗马军队接近城市，罗马将领马塞拉斯不得不停止攻击，改变作战计划，实行围困封锁，等待有利战机。据说罗马士兵只要看见叙拉古城墙上出现一根绳子，就会被吓跑。因为他们相信那个可怕的阿基米德又在使用了一种新式的武器。

随着时间的流逝，叙拉古人坚信：阿基米德的武器将永远保护他们。这种想法使得他们变得非常麻痹大意。公元前 212 年，罗马军队发起猛攻，进入了叙拉古城。马塞拉斯命令士兵寻找阿基米德，并且宣称谁能找到阿基米德，将给谁优厚的奖赏。此时的阿基米德正在一堵残缺的石墙旁边，专心致志地思考一个数学问题，前边的地上画着一个个几何图形，仿佛战争并没有发生过。这时一个罗马士兵走到他身边命令他离开，阿基米德傲然地说："别妨碍我的工作。"这个罗马士兵勃然大怒，立刻用刀刺死了这位著名的科学家。

马塞拉斯得知阿基米德被杀的消息后，非常惋惜。他特别关照了阿基米德的亲属，并厚葬了这位科学家的遗体。马塞拉斯在阿基米德的坟墓前竖一块墓碑，墓碑上刻着一个圆柱体，圆柱体里内切着一个球体，这个球的直径恰与圆柱的高相等。

墓碑上的这个图形表达了阿基米德生前对数学的研究和贡献。他发现圆柱体内的内接球体，其直径与圆柱的高相等，圆柱体的体积等于内接球体的 $1\frac{1}{2}$ 倍，圆柱体的表面积是球体表面积的 $1\frac{1}{2}$ 倍，这样，阿基米德认为圆柱体与球体的比例为 3：2。由此，很容易推导一个半径为 R 的球体的体积 V 和表面积 S 的公式。阿基米德当时已认识到这项发现极其重要，因此他希望死后这个几何图形能出现在他的墓碑上。马塞拉斯实现了他的这一愿望。

阿基米德的陵墓因为时间过长已经找不到了，但是他对人类做出的贡献却是永远不可磨灭的。

阿基米德的墓碑刻着一个圆柱体，里面内切着一个球体

地球是椭圆体

　　地球是椭圆体，这是由希腊地理学家埃拉托色尼（约公元前 276 年～前 196 年）提出的。

　　公元前 276 年，埃拉托色尼生于塞里尼（今利比亚海岸的沙哈特）。青年时期他到雅典学院学习，学成之后来到亚历山大博物院，在此结识了阿基米德，以后成为挚友。他不仅从事地理学的研究，而且对天文、历史都有浓厚的兴趣，是著名的地理学家、天文学家和历史学家。由于他学识渊博，发表了不少引人注目的著作，被托勒密三世国王聘为亚历山大博物院图书馆馆长，同时兼任托勒密三世儿子的家庭教师。

　　埃拉托色尼一生著称于世的惊人成就，是在公元前 240 年，通过利用处于同一经度上两地点的观测，利用在同一天中午时太阳地平高度的差异，巧妙地测定出地球的周长，而这项成就直到近代才得到肯定的评价。为了进行这项工作，埃拉托色尼作了艰苦的长期记录：他注意到夏至时中午的太阳在中埃及的塞恩（Syene，即现在的阿斯旺）直射井底，证明那天太阳恰好经过当地的天顶。而同时在亚历山大城，他用仪器测得该日中午时太阳距天顶等于圆周的 1/50，即为 7°12′。这个夹角正好等于这两个城市在地球上的纬度差，这个差异只能是由于塞恩和亚历山大城之间地球表面的弯曲而造成的。于是他断定地球的周长应等于塞恩和亚历山大城之间距离的 50 倍。埃拉托色尼测量地球周长的方法见下图。图中 S 表示塞恩所在地，A 表示亚历山大城。而这两个城之间的距离已测得为 5000 希腊里（"Stadia"，是古希腊的距离单位，现在我们还不能肯定这个单位按我们今天的单位计算将有多长。但是如果以最大的可能长度估计，1 希腊里相当于158.5米），那么地球的周长为 25 万希腊里，相当于39600 千米，与真实值 4 万千米相差很小。既然地球的周长如此之大，而当时已知陆地面积却比较小，埃拉托色尼猜想大大小小的海可能会互相连成一片大洋。遗憾的是，这个数字在古代人看来实在太大，这意味着已知世界只占地球总表面的一小部分，至多 1/4，而其中大部分是大海，地球的其余部分还没被人发现或者没听说过，或者全都是水。这种说法似乎令当时的人难以接受。然而这一猜想却在 1800年之后被麦哲伦的环球航行所证实。

埃拉托色尼测量地球周长的方法

中埃及塞恩的古井遗迹

在地理学方面，埃拉托色尼还绘制了一张已知世界的地图。在他之前已有人认识到地球有两极和一条赤道带，通过收集整理人们对地球和地理概念的认识，埃拉托色尼画出了一张这样的世界地图：地图上画有经线（即假定的沿地球表面连接南北两极而跟赤道垂直的线，也叫子午线）和纬线（即假定的沿地球表面跟赤道平行的线），并分出五个带：两个寒带，两个温带，一个热带。他把经度的中心线画在亚历山大和塞恩之间，并认为这条线经过拜占庭。他把 36°线作为基本平纬线，经过直布罗陀海峡和罗德斯岛。他认为，陆地向东延伸到太平洋，向西到大西洋，其余都是海。埃拉托色尼绘制的这张世界地图，远远胜过他以前所绘制的任何地图，甚至在他之后的很长一段时间里，没有人能取得这么大的成就。

在天文学方面，埃拉托色尼研究出地轴与太阳在空中所显示的运动平面之角度，并求出几乎很确切的数值，也就是测定了"黄赤交角"。他还制作了一架用于说明天体的周日运转和日月五星的周年运行的天球结构的浑象仪。这架仪器曾经放在亚历山大博物院的走廊里展出。埃拉托色尼还曾制作了有 675 颗星的星象图。

埃拉托色尼还曾试图编排一份从特洛伊战争以来包括所有事件并按年月次序编写的科学年表，他是历史上第一个注意事件发生的确切日期的人。

埃拉托色尼终生致力于科学研究，在许多领域都作出了很大的成绩。80 岁时，他由于劳累过度双目失明，精疲力竭，最后于公元前 196 年绝食而死。

阿波罗尼乌斯和圆锥曲线

阿波罗尼乌斯是比阿基米德和埃拉托色尼稍年轻的同时代人。因为传记不详，所以一般估计他生活在公元前 260 年～前 200 年。

阿波罗尼乌斯生于小亚西亚别迦城，少年时代在亚历山大博物院学习。曾师从阿基米德。学成后在亚历山大博物院任教授之职。因为他曾专门在博物院的第五教室讲学，所以人们送他一个绰号"意普西隆"（它是希腊文的第五个字母 ε 的读音，意为"五号"）。晚年的时候，阿波罗尼乌斯离开亚历山大，回到别迦城。在这里有一座仅次于亚历山大博物院图书馆的第二大图书馆。

阿波罗尼乌斯的数学才能集中表现在巨著《圆锥曲线论》上。这是一部划时代的数学作品，它以惊人的广泛性扩展了那个时代对于圆锥曲线的狭隘知识。它对圆锥曲线的性质叙述甚详，而且严谨无遗，现代作为教科书的内容，几乎都被 2000 多年前的阿波罗尼乌斯网罗殆尽。因此，除了当时他还不太注意的准线和焦点这两名词之外，可以说，他在"圆锥曲线"的天地里独步 2000 年。

早在阿波罗尼乌斯以前，就已有人研究圆锥曲线了。欧几里得、阿基米德等人都曾做过这方面的工作。古希腊数学家门内马斯（约公元前 375 年～前 325 年）是第一个系统研究圆锥曲线的人。但是，门内马斯为了得到各种形式的圆锥曲线，用平面去截三种不同的圆锥。而阿波罗尼乌斯突破了前人的局限性论述，他认为只需要有一个圆锥（直圆锥或斜圆锥均可，也无论顶角是多大），就可以在其上截取圆锥曲线。他通过作平行与垂直圆锥的母线与轴的平面的方法，得到如下三种圆锥曲线：

（1）如果截面与圆锥的母线平行，如下图（左），那么截面只与圆锥的一半相交，截口是抛物线。

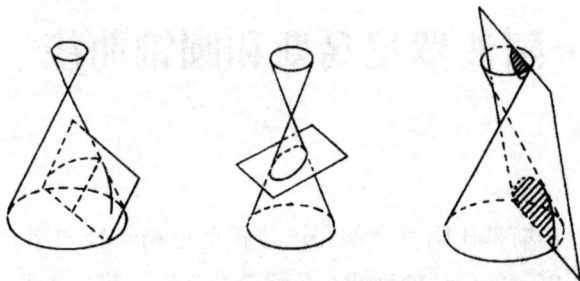

阿波罗尼乌斯在一个圆锥上截取三种圆锥曲线：

左——抛物线；中——椭圆；右——双曲线

（2）如果截面与圆锥的母线不平行，而截面只与圆锥的一半相交，则截口是个椭圆（特例：当截面与圆锥的轴垂直时，截口是个圆），如上图（中）。

（3）如果截面与圆锥的母线不平行，而截面与整个圆锥相交，则截口是双曲线，如上图（右）。

阿波罗尼乌斯对圆锥曲线的这些研究成果，都是非常有价值的。他的研究工作如此的完备，以至1800年以后，开普勒和牛顿可以原封不动地搬用，来推导行星轨道的性质。

《圆锥曲线论》共有8卷，这部著作的希腊文本，只有前4卷完全保存到现在。其后3卷是从1290年的阿拉伯译本转译的。第8卷已失传，但是在17世纪曾有人搞出一个整理本。

在《圆锥曲线论》这部著作中，阿波罗尼乌斯不仅系统地综合了前人的成就，而且还提出了他自己的独创见解。书中的编排也非常巧妙、灵活。可以说，《圆锥曲线论》是一个巍然屹立的丰碑，以致后代学者至少从几何学上几乎不能再对这个问题有新的发言权。这确实可以看成是古希腊几何的登峰造极之作。

本轮、均轮体系

对于天体运行的现象，人们早就提出过各种各样的解释。欧多克斯和亚里士多德认为：地球是万物的中心，其他各种天体都在不同距离的天层上绕地球旋转，各天层是透明的，不会影响我们看到下一天层上运动的天体。恒星都位于最外面的一层天球上。全部运动的天体都被恒星天球带着运动。亚里士多德还补充道：最外层的恒星天球是由处在宇宙边的宗动天（一种神力）所推动。这个理论被人们称为同心球理论或水晶球理论。

随着人们对天体运动的观察，发现一些现象并不能用同心球理论来解释，如日食有时全食（月亮刚好把太阳光全部遮住），有时环食（月亮不能把太阳光全部遮住，日面呈金环状）。如果根据同心球理论：天体都在以地球为中心的同心球层上，距离总也不会发生变化，因此是不会出现这种情况的。再比如，同一行星的亮度也常常不同，有时亮，有时却很暗，这种现象也说明行星距地球的距离不断发生变化。但用同心球理论仍不能作出解释。

尽管阿利斯塔克在公元前 260 年左右已经提出了较原始的太阳中心学说，但是在当时以及其后相当长一段时间，一直不被世人所接受。

阿波罗尼乌斯也曾设法解释天体运行的现象，但是他仍认为地球是宇宙的中心。为了解释天体运动，他在公元前 220 年左右巧妙地设计了一个本轮、均轮体系的几何结构（见下图）。他认为如果行星沿着本轮作圆周运动，而本轮的中心则在另一个圆周的均轮上面。均轮的中心则是

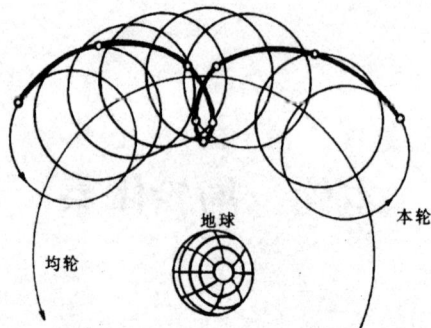

本轮—均轮体系

地球，那么行星在绕本轮运动的时候和地球之间的距离就会发生变化，因此，人们看到行星的亮度时明时暗，这种解释比较令人满意。他还设想，行星运动的轨迹也可以从数量上得到说明，就是通过设想天体运行的轨道都是偏心圆，轨道中心离开地球有一定的距离来解释。阿波罗尼乌斯的这一假设后来被希腊伟大的天文学家、天文学之父喜帕恰斯（约公元前190年～前125年）采用了。

希腊天文学家喜帕恰斯通过观察发现，太阳的视运动不均匀，夏天慢而冬天快；只要你统计一下春分到秋分的日数，跟秋分到下一年春分的日数，就可以知道两者并不对称。喜帕恰斯认为太阳并不是沿着以地球为中心的圆周运动，地球并不是在圆心，而是在偏离圆心的地方。这样太阳虽然在相等时间内走过的弧段相等，但是对地球所张的角度并不相等，因而在地球上看起来太阳的运动就不等速了。

对于行星的运动，喜帕恰斯设想出了一套更为复杂的本轮均轮系统来解释。他把火星、木星、土星、水星和金星分为外行星和内行星。对于火星、木星和土星这样的外行星，他指出，它们在本轮上运行，绕着一个假想的中心运动。而这个假想的本轮中心又沿着均轮绕地球作等速运动。若假设行星沿本轮的运动速度等于太阳的运动速度，而本轮的中心沿着均轮的运动速度等于该外行星的恒星周期，由于从地球上看行星在本轮上有顺行和逆行，它与本轮中心在均轮上的合运动就有快慢和逆行的变化，则它们的顺、留、逆运动的现象就能得到解释。又由于行星在本轮上运动，它离开地球就有远近的变化，于是行星亮度的变化也就得到说明。

对于水星和金星这两个内行星，喜帕恰斯认为它们同样在本轮均轮上运动，但是本轮的运动周期相当于该星的恒星周期，而均轮的运动周期则等于太阳的恒星周期。这样就较好地解释了内行星始终只能在太阳周围作往返运动，亮度变化的问题也同样得到了满意的解释。

本轮均轮系统的立脚点是错误的地心体系，所以它们都是虚构的几何图形。但是它在当时确有一定的实用价值，对于天文学的发展起了一定的积极作用。喜帕恰斯根据观测计算，确定了本轮和均轮的位置与大小，制定出数字表；再根据这些数字表就可以预测太阳、月亮和行星的位置，准确地预测日食和月食。这些都是在喜帕恰斯以前许多学者想做而没有做到的成就。

喜帕恰斯在研究行星运动的过程中还发现了量值虽然极小但意义又非常重大的天体蠕动，即"二分点岁差"。在春分点，太阳位于黄道带[①]上的一个确定位置，它每年都回到那个位置上。但是喜帕恰斯却发现在下一年的春分点，太阳并不完全在相同的星空位置上。事实上，太阳在星空的老轨道上运动大约迟了20分钟，所以在正到春分点的瞬间，它在其黄道带轨道上的位置是稍前一些的：一年后差约 $\left(\frac{1}{70}\right)^\circ$，一世纪后接近于 $\left(1\frac{1}{2}\right)^\circ$。这一运动看来很小，太阳转一周需要26000年，然而在天文学测量上是极为重要的，这一发现本身乃是精密观测和敏锐思维的杰作。而且自从喜帕恰斯之后，它一直被沿用着。一直到16世纪后的哥白尼时代，才证明这一运动的原因是地球在地轴上的一种缓慢摆动，而不是星球在运动。而对于岁差原因的正确解释却是在1800年之后的牛顿作

① 黄道带：地球一年绕太阳转一周，我们从地球上看成太阳一年在天空中移动一圈，太阳这样移动的路线叫做黄道。黄道两旁各宽8度的范围是黄道带。日、月、行星都在带内运行。

出的。牛顿发现万有引力之后，才发现由于太阳和月亮的引力对于地球赤道的作用，使地轴在黄道轴的周围作圆锥运动，慢慢地向西移动，大约 26000 年环绕一周，同时使春分点以每年 50.2 秒的速度向西移行。这就是岁差现象的正确解释。

喜帕恰斯还继承并改进了阿利斯塔克关于太阳、地球、月亮相对大小和距离的计算。他算出月球直径是地球的三分之一，月球和地球的距离是地球直径的 33 倍，这和现代的计算数值只差 10% 左右。他还编制了一个重要且极为精确的恒星表，并且曾自制和发明了许多天文观测仪器，有的仪器甚至沿用了 1700 年。

喜帕恰斯大约于公元前 190 年生于比塞尼亚的尼卡伊亚（今土耳其西北部伊兹尼克），约公元前 120 年逝世。公元前 160 年到公元前 127 年间，喜帕恰斯先后在罗得斯岛和亚历山大城工作。他所生活的时代恰是托勒密王朝日趋衰落，并在公元前 146 年以后逐渐沦为罗马政权附庸的时代。统治阶级对亚历山大的科学工作不但不给予应有的支持，反而加以摧残，致使科学的发展在一段时间内曾处于停滞和衰退状态，大批学者外流，文化中心开始转移，所以地中海的两个小岛罗德斯岛和爱琴群岛等地区形成了新的科学文化中心。公元前 2 世纪，观测天文学曾在亚历山大盛行一时，有许多科学的发现和概括都是与喜帕恰斯的活动有关的。喜帕恰斯的发现和发明不仅在古代天文学的发展史上占有突出的地位，而且至今仍然是很有价值的知识宝库。由于他在天文学上的重大贡献以及他所具有的丰富渊博的知识，被后人尊为天文学之父。

蒸汽机的萌芽

公元前150年，埃及的托勒密王朝衰败后，到公元前30年时，它已成为罗马的一个省份了。亚历山大大帝时代，希腊科学时代已告结束，然而历史舞台的帷幕并非突然落下。历史天才放射出的闪烁光辉，仍然照耀了好几个世纪。其中之一就是希腊工程师希罗。

关于希罗的身世我们已经无从考证，只知道他是公元1世纪的人。根据他的有关著作，有人猜测他可能生于公元前20年（也有的人以为他生于公元前50年）。

希罗精于数理，并且还是一位出色的测量学家和机械学家，曾在一部名为《测量仪器》的著作中，描述了一种类似现代经纬仪的测量用具，可用于大地测量及天文观测。他还特别指出：这种用具能够测量可望不可及的物体高度和距离。

希罗最著名的发明就是蒸汽转动器（如右图）。这个蒸汽转动器就是一个空心球体上面连上两段弯管的装置。当球体内的水沸腾时，蒸汽通过管子逸出，由于作用和反作用定律（这个原理直到牛顿时才明确说明），这个球体迅速旋转。这就是早期将蒸汽动力变为运动的方法，现在则通常称之为蒸汽机。这个装置至今仍然使用在旋转的草坪喷灌器上，只不过在此喷灌器中作为原动力的不是蒸汽，而是喷射出来的水。

希罗的蒸汽机

尽管蒸汽机的蒸汽动力原理已经被希罗发现，但是，由于当时奴隶的价格很低，而且处处可买，因此人们对可以替代劳动力的蒸汽装置未能引起重视。蒸汽动力的原理有时用于小孩用的玩具上以吸引顾客，有时则用在门户和神像的自动运转上，以取得教徒对神的信任。而用这一装置来代替繁重、痛苦的体力劳动这一问题，一直到希罗后1700年才有人想到，但那也只是限于在没有奴隶劳动力或者非奴隶劳动日益变得昂贵的地方。

希罗在机械学方面也做出了很大的贡献。他曾发明了铁匠铺使用的利用气压的"风箱"（Bellows）。这是利用气压的机械的开端。应用这一原理之后，1856年英国发明了最早的和今天相似的气压机，应用于煤矿的机械凿岩钻头。

希罗在有关机械学方面的著作中，描绘了很多简单的机械装置，如杠杆、滑轮、螺旋等，并指出利用它们可以使力气合理地改变方向和加以"放大"。他还明确指出，若要使力增大，必须相应缩短该增大的力作用所通过的距离。这是对阿基米德杠杆定律的归纳和发展。

据传说，希罗曾经利用重锤、滑轮、齿轮等简单的机械组成一个机械自动操纵装置，使用这个装置可以让木偶人自动演戏。

从希罗的书中可以看到，他在创造那些灵巧的装置时不仅利用了虹吸、注水器等，而且还使用了齿轮。他曾利用齿轮把古代战车轮子的旋转变成指针的旋转，这就是计程器的原始形式。

希罗在应用技术方面的著作非常丰富，有《机械学》、《投石炮》、《枪炮设计》、《压缩空气的理论和应用》、《制造自动机的技术问题》等。作为出色数学家的希罗，不仅对欧几里得的《几何原本》作过评注，还曾著述了关于几何学、计算学等科目的百科全书。在其中的《量度》一书中，以几何形式推算出了三角面积的公式，即 $S = \sqrt{s(s-a)(s-b)(s-c)}$，其中 s 是三角形的周长的一半，$s = \dfrac{a+b+c}{2}$，a、b、c 分别是三角形的三个边，S 是三角形面积，这个公式后来被人们称为"希罗公式"。

综上所述，希罗对科学技术的发展做出了重大的贡献，他的思想被后人所继承，文艺复兴之后，和当时欧洲的科技发展相结合曾结出了累累硕果。因此，他不仅是发明蒸汽机的先驱者，还是一位机械学家、数学家。

托勒玫的地心体系

托勒玫是古希腊天文学中最后一位代表。有的书也译作托勒密。他并不是诞生在前半个世纪统治埃及的托勒密王室家族的成员，可能是由他的诞生地而得名。他大约于公元 100 年生于托勒迈斯。公元 127 年～151 年曾在亚历山大学习和工作。同喜帕恰斯一样，关于托勒玫的生平后人了解甚少。有的传记说他在亚历山大曾呆了 40 年，还有的传记说他 78 岁时逝世。

尽管托勒玫的生平不为人知，但他对科学所作出的贡献却一直被后人传颂。他的不朽名著《天文学大成》不仅包括了他本人的研究成果，而且概括了希腊化时期天文学的一切成就，尤其是亚历山大学派天文学家的成就。喜帕恰斯的发现以及阿波罗尼乌斯和其他几何学家的理论体系，为后世的天文学工作甚至现代学者提供了古代科学的珍贵资料。由于托勒玫是宇宙地心体系的集大成者，因此后人称地心体系为托勒玫体系。

在托勒玫体系中，地球是宇宙的中心，各种行星都围绕它运转。根据各行星离地球的距离远近，排列顺序为月亮、水星、金星、太阳、火星、木星、土星、恒星以及宗动天（最高天），这就是所谓九重天的思想。为了说明所看到的空中这些行星的真实运转情况，托勒玫运用了阿波罗尼乌斯的本轮均轮体系以及喜帕恰斯的偏心圆理论，并且还作了改进和补充。

托勒玫指出，地球在宇宙中心静止不动；每个行星都在本轮上匀速运动，本轮中心在均轮上运动；月亮是天空中离地球最近的天体，它在一个极小的本轮上运动。而太阳直接在均轮上运动。为了解释月球、太阳以及其他行星的运动，托勒玫认为：地球不在各个均轮的中心，而是稍偏离中心一点；水星和金星的本轮中心总在太阳和地球的连线上；木星、火星、土星同本轮中心连线总与日地连线平行，并且每年绕本轮一周。恒星都位于"恒星天"的固定壳层上；日月行星除各自的运动外，均与恒星天一起每天绕地球一周（见下页图）。

托勒玫的地心体系，总结了前人对天空结构的认识，是人们探索宇宙的又一个认识阶段。大约在公元180年托勒玫去世之后，希腊文化完全坠入黑暗的境界，天文学几乎处于停滞不前的状态。特别是在公元4世纪末罗马帝国崩溃以后，在基督教义的主宰下，传统的希腊知识被放弃了，采用由希伯来传来的宇宙观。天文学的发展受到阻碍。阿拉伯人入侵之后，希腊文化在东方的几个中心遭到严重的破坏。亚历山大图书馆在一次基督教徒的叛乱中再一次被毁坏。公元7世纪时，阿拉伯人攻

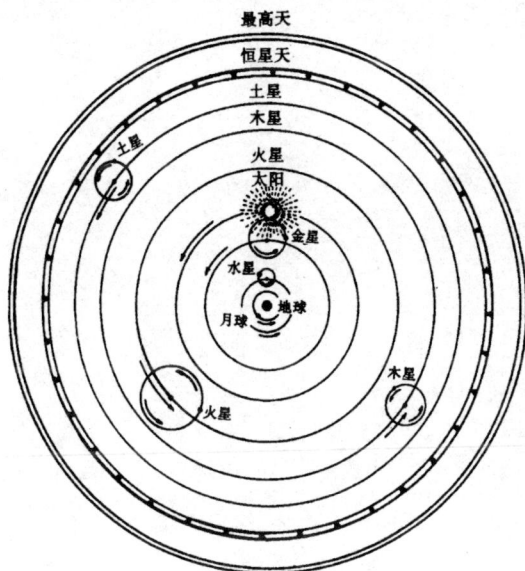

托勒玫的地心体系

破亚历山大城，亚历山大博物院又被损坏，其中收藏的几十万卷珍贵书稿全部被付诸一炬，托勒玫的《天文学大成》也未能幸免于难。但幸运的是，《天文学大成》的阿拉伯译本保存了下来。

中世纪时，宗教神学认为托勒玫的地心体系符合教义，于是便利用地心体系作为上帝创造世界的理论支柱，不断抬高亚里士多德和托勒玫的地位，以致到了神圣不可侵犯的程度。这就严重束缚了科学思想的发展，阻碍了科学宇宙观的诞生。直到 1543 年，哥白尼的日心学说问世，托勒玫地心体系才被推翻。天文学乃至整个自然科学开始从神学统治下解放出来。但是，在赞扬哥白尼天文学革命的伟大功绩之时，我们也应该历史地看待托勒玫的科学地位。

托勒玫的三角函数表

托勒玫是一位天文学家，还是位伟大的数学家。

早在恺撒（公元前 100 年～前 44 年）侵略非洲地中海沿岸地带之后，埃及就被置于罗马人的统治之下。这时，亚历山大的博物院第一次遭到破坏，图书馆被烧毁，古希腊流传下来的大部分著作也被烧毁。不仅如此，希腊人的活动也失去了自由，科学活动受到限制，亚历山大时期的数学开始急剧地走上衰亡的道路。

但是，哈德里努斯（76 年～138 年）于公元 117 年当罗马皇帝时，由于他爱好希腊的文化和艺术，又制定了新的政策和法令，保护了希腊的文化遗产。这时，罗马人开始学习希腊语，并主动向希腊人请教，致使亚历山大的希腊人又逐步地活跃起来，很多学者开始回到亚历山大城，使这里的面貌焕然一新，科学的发展又一次出现了短暂的繁荣。

托勒玫正是生活在这一时期的天文学家。希腊三角学的发展及其在天文学上的应用在他的《天文学大成》里得到了具体体现。托勒玫对天文学中天体的运行主要是从数学的角度来说明的。他认为，只有数学，才能给人以可靠的知识。因此，他努力把天文学建立在"不容置辩的算术和几何方法"的基础上。

《天文学大成》共 13 篇，第 1 篇主要讲球面三角，其他 12 篇中是把三角知识运用到天文学领域解决一些天文学问题。因此，有人把《天文学大成》这部书看作应用数学的古典名著或许是合适的。有的书又把它译为《数学汇编》。

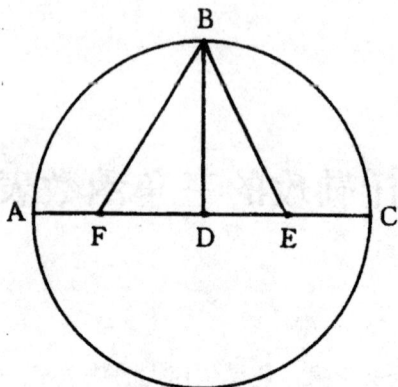

托勒玫计算弧长

《天文学大成》第1篇的第9章计算了一些圆弧的弦长，并在此篇附有一张弦表，相当于给出了0°到180°每隔$(\frac{1}{2})$°的正弦函数值，这是世上留给后人最早的三角函数表，可以说是第一个三角函数表（确切说是弦表）。关于函数表的制成，托勒玫在书中有详细的说明。

他先是通过几何方法计算出36°弧和72°弧对应的弦，他把圆周分作360份或360个单位，直径被分为120份，然后托勒玫提出，给定一弧为360份中的若干份，就可以求得相应的弦长。如图，ADC是以D为中心的圆的直径，BD垂直于ADC，E是DC的中点，并取点F，使EF=BE。托勒玫用几何方法证明FD等于圆内接正十边形的一边，BF等于圆内接正五边形的一边。但ED含30份，BD含60份。因为$BE^2 = BD^2 + DE^2$，$BE^2 = 4500$，所以$BE = 67 + \frac{4}{60} + \frac{55}{60^2}$份。于是EF就含$67 + \frac{4}{60} + \frac{55}{60^2}$份。

那么FD等于$EF - DE = 67 + \frac{4}{60} + \frac{55}{60^2} - 30 = 37 + \frac{4}{60} + \frac{55}{60^2}$份。因为FD等于正十边形的一边，它是36°弧的对应弦。托勒玫知道36°弧的弦值以后，便可算出144°弧的弦为$114 + \frac{7}{60} + \frac{37}{60^2}$份。

通过直角三角形BFD可算出BF为$70 + \frac{32}{60} + \frac{3}{60^2}$份，由于BF为正五

边形的一边，因此它是 72°弧的弦值。

由于圆内接正六边形的边长可以用半径来表示，因此就得到 60°弧的弦长是 60 份。又因为圆内接正方形的边长可以通过计算得到，所以 90°弧弦长为 $84+\frac{51}{60}+\frac{10}{60^2}$ 份。

在书中，托勒玫还证明了一个定理，我们现在称之为托勒玫定理：给定圆的任一内接四边形，则两对角线之积等于两组对边各自乘积之和。通过这个定理可以推论：若两弧的弦为已知，那么就可以算出两弧之差的弦。用现今的数学符号来表达，就是已知 sinA 和 sinB，就可以算出 sin（A—B）。因此，对于托勒玫来说，知道了 72°弧的弦和 60°弧的弦值，就可以算出 12°弧的弦。

托勒玫还指出：若知道 AB 弧的弦值和 BC 弧的弦值，就可算出 AC 弧的弦值。用现代数学用语表示就是 sin（A+B）。作为特例，他还指出：已知 sinA 可求得 sin2A 的结果。他认为，从圆的任一给定弦，可求出相应半弧的所对弦。也就是已知 sinA 可求得 sin $\left(\frac{A}{2}\right)$ 的结果。

由于能从 12°的弦平分数次得出 $\left(\frac{3}{4}\right)°$ 弦，因此能给任一已知弦所对的弧加上或减去 $\left(\frac{3}{4}\right)°$ 弧，并能用托勒玫定律来算出这样的两段弧之和或差所对应的弦。这样就能算出每个相差 $\left(\frac{3}{4}\right)°$ 的所有弧。

托勒玫还巧妙地运用不定式来作推理，得到 $\left(\frac{1}{2}\right)°$ 的弦长大约为 $\frac{31}{60}+\frac{25}{60^2}$。他把 0°到 180°间所有差 $\left(\frac{1}{2}\right)°$ 的弦所对应的弦值都算出来，并排列成表，这就是第一个三角函数表。

当然，托勒玫造三角函数表所使用的这些方法，现在是不会有人再使用了；可是在当时，他的这一成果却是很了不起的。

丢番图的墓志铭

  托勒玫去世不久，年轻的数学家丢番图开始闻名于世。关于这位数学家，除了他的著作外，甚至连他生活年代都是一无所知。有人推测，他可能生活在公元 150 年至 250 年间。

  虽然我们对丢番图的生卒年月无法考证，但是从一本公元 4 世纪的希腊诗文上的一首《丢番图墓志铭诗》中我们可以推知他活了多久。

  记录中丢番图的墓志铭显得很奇特，用一种未知的方程写出了已知的一生：

  "过路人！这儿埋着丢番图的骨灰，下面的数目可以告诉你他活了多少岁。

  他生命的 1/6 是幸福的童年；

  再活了 1/12，细细的胡须便爬上了他的脸颊；

  又度过了生命的 1/7，他有了美丽的终身伴侣；

  再过了 5 年他感到非常幸福，家里降生了一个小天使；

  可是这孩子光辉灿烂的生命只有他父亲的一半；

  上帝召去儿子之后，憔悴而悲伤过度的老人苦熬了四年，终于告别了尘世生涯。

  请问：丢番图活了多少岁？几岁结婚？几岁有孩子？

  这段散发着代数芳香的墓志铭，是留给后人关于这位伟大数学家生平的唯一信息。根据这一信息我们可以列出一个代数方程，假如他活了 x 岁，那么：

丢番图的墓志铭内容

$$\frac{x}{6}+\frac{x}{12}+\frac{x}{7}+5+\frac{x}{2}+4=x$$

解方程可得：$x=84$

于是我们得知丢番图享年 84 岁，他 33 岁结婚，38 岁得子。

古希腊数学的伟大成就是几何学，毕达哥拉斯、欧几里得、阿基米德等人都是研究几何学的著名代表人物。当时，甚至人们形成这样一种偏见，认为数学的精髓就是几何数学。在这种情况下，希腊数学虽然偶尔也涉足代数，但是其主要的研究仍立足于几何数学。只是到了古希腊科学晚期的暮光中，丢番图的出现才弥补了这个缺陷。

丢番图的名著是《算术》，它是一部可与欧几里得的《几何原本》相媲美的代数学的最早论著。全书共 13 册。由于朝代更迭，战乱频仍，只有 6 册保留到现在，其后几册早在公元 10 世纪就已经散失了。在这些著作中，其中一册是研究一元和多元一次方程的问题，其余的 5 册的主要内容则是论述二次不定方程式的问题。

在《算术》一书中，丢番图创造了许多简明的符号来代替纯粹的文字叙述，例如他用 S 表示未知数，如同现代所用的 x。我们现在用的 x^2，他记作$\triangle^Y$，而$\triangle$是希腊字"幂"的第一个字母，x^3丢番图写作K^Y，K是希腊文"立方"的第一个字母，x^4是$\triangle^Y\triangle$，x^5是$K^Y\triangle$等等。书中出现了这样一套符号是了不起的，但丢番图使用的三次以上的高次乘幂更是件了不起的事情。古希腊数学家不能也不愿考虑含三个以上因子的乘积，因为他们认为这种乘积没有任何几何意义。不过，丢番图所使用的这套符号并不是很完整的，而且由于后人只是看到以后的传抄本，并没有见到他的亲笔手稿，也就很难确切地知道哪些符号是他真正引用过的。

在讨论二次不定式方程的解时，丢番图使用的方法往往具有惊人的巧思，他给的结果也常常是巧妙的解答，令后世叹为观止。他还经常把方程转为：

$$y^2 = Ax^2 + Bx + C$$

的形式。根据A、B、C的特定值分别不同情形来处理，以便求出多组解。例如当方程中$C=0$时，他设$y=\dfrac{m}{n}x$（其中m、n是特定的整数），于是他得出：

$$Ax^2 + Bx = \frac{m^2}{n^2}x^2$$

求得$x=\dfrac{Bn^2}{m^2 - An^2}$。

当A与C不等于零，而A是平方数且$A=a^2$，丢番图设$y=ax-m$，然后代入方程，即可求出x；如果$C=c^2$，设$y=mx-C$，代入方程，又可求出x值。丢番图在解方程时，任何情况下，m、n都是特定的值。

由于丢番图在《算术》中讨论了许多不定方程，后人为了纪念他的这一创见，常常泛称不定方程为"丢番图方程"。

在《算术》的第二卷中，丢番图有这样一道名题："求一个平方数，它是另外两个平方数的和。"他以16为例，做了如下分解：

$$4^2 + (\frac{16}{5})^2 + (\frac{12}{5})^2$$

这个分解式也就是"求满足方程式$x^2 + y^2 = z^2$的有理数x、y、z"。

法国科学家巴舍（1581 年～1638 年）曾把丢番图的著作译成拉丁文，并于 1621 年发表。数学家费尔玛（1601 年～1665 年）读到这部书后，试图扩充这类问题，后来，又经过几代数学家的努力，终于导出了一个著名的"大定理"。

丢番图在解不定式方程时，使用的方法之多使人目不暇接，但他很少给出解题的一般法则，甚至性质很相近的题目也运用了不同的特殊方法来解。所以 19 世纪的德国数学史家韩克尔曾这样说过："对于现代人来说，学习了丢番图的 100 个方程以后，仍难以解出第 101 个方程……读者心绪不宁地从一个问题匆匆忙忙转到另一个问题，就像猜谜一样，总不能举一反三。丢番图给人的困惑总是多于喜悦。"因此，有人认为这正是丢番图的一个大缺点，但是也有人认为，恰是由于他的解题方法具有高度的灵活性，它们给数学爱好者以极大的享受。不管怎样，丢番图的数学成就在代数学上是永垂不朽的！

科学家的殉道者

——女数学家希帕蒂娅

希帕蒂娅（约 370 年～415 年）是亚历山大博物院记载中的最后一员，是迄今为止我们所知道的数学史上第一位女数学家，也是古代唯一的杰出的著名女学者。加之记载中谈到她的美丽容貌、美德以及她讲课的熟练和受欢迎，使后人更是把她理想化了。

大约 1600 多年前，也就是公元 370 年左右，希帕蒂娅出生在埃及的亚历山大城。当时罗马已彻底统治了亚历山大。公元 3 世纪兴起的基督教开始变得有财有势。罗马帝国的统治者为了利用基督教来麻痹人民，维持日趋不稳的统治，竭力扶植和推崇基督教。对于那些有其他信仰的人，均被斥为"异教徒"，并且受到歧视和迫害。学术和科学在当时也被

希帕蒂娅

看成是与异教徒信仰一样的货色。希帕蒂娅就生活在这样一个时代里。

希帕蒂娅的父亲西翁是一位著名的学者，他最擅长数学，曾写出了注释欧几里得和托勒玫著作的巨著，而且他还是一位非常出色的教师。受父亲的影响，希帕蒂娅从小就对数学产生了极大的兴趣。她19岁左右就已读完了几乎所有大数学家的杰作：欧几里得的《几何原本》、阿波罗尼乌斯的《圆锥曲线论》、阿基米德的《论球和圆柱》……接着，她又协助父亲完成了《几何原本》的评注和修订。正是希帕蒂娅协助完成的这个评注本，成了所有现代版本的《几何原本》的基础。

希帕蒂娅在不满20岁时曾到雅典学习。在学习数学的同时，她还受到了文学、艺术、科学和哲学等方面的训练，使她在数学和哲学等方面都具有非常广博的知识。当时，雅典的数学已经落后，很多人不能读懂数学经典著作，而希帕蒂娅却早已一一精读过，这使得许许多多的雅典学者对她无不称道，她的名声在雅典也越来越大，许多名流、学者竞相来拜访她。在她的门前，经常聚集着不少华丽的马车。

据说希帕蒂娅不仅是一位才智非凡的学者，而且还是一位美貌的姑娘。由于她的美貌和学识，给她招来了不少麻烦。无数英俊少年、贵族子弟向她求婚示爱，搅扰了她的学习和研究。面对那些相貌堂堂、家境富有却没有任何真才实学的富家子弟，她深感厌恶。她决心在人生的黄金时期埋头钻研学问，因此拒绝所有的求爱。她曾用一句美妙、婉转的话语表明自己的态度："我已把自己献给真理了。"

希帕蒂娅从雅典学成后回到亚历山大城，被聘为亚历山大博物院教授，讲授数学和哲学。由于她学识渊博，谆谆善诱，擅长辩论，吸引了大量的学生，他们来自欧洲、亚洲、非洲各地。希帕蒂娅从讲授丢番图的墓志铭开始，把学生们引进了代数学的世界。为了帮助学生理解丢番图在《算术》一书中提出的问题和方法，她专门写了一本教科书，给《算术》作评注，书中也包括了她自己的数学创见。以后，她还为希腊大数学家阿波罗尼乌斯的《圆锥曲线论》和托勒玫研究天文及几何学方面的巨著《天文学大成》写了注释。在哲学方面，希帕蒂娅还为柏拉图、亚里士多德以及其他希腊哲学家的哲学著作作过评注。她自己也曾写过若干篇数学论文。可惜，这些著作和论文没有一部能够保存到现在。

希帕蒂娅不相信基督教，她深信理性才是真知的唯一源泉，因此被基督教徒视为异教徒，她的观点也被看作是异教邪说。公元412年，野心勃勃的宗教狂西端尔当上了亚历山大基督教的大主教，他开始在埃及系统地推行反对异教邪说的计划。而希帕蒂娅的信仰和追求自由的生活方式在她讲课的过程中对基督教徒产生了巨大影响，这些严重妨碍了西端尔的计划。因此，西端尔把她视为眼中钉。但是勇敢的希帕蒂娅并没

一群基督教暴徒残酷地杀害了一代女杰希帕蒂娅

有在压力面前退缩。

　　公元 415 年的一天，在残忍的西端尔主教的唆使下，一群基督教的暴徒拦截了希帕蒂娅乘坐的马车，并把她拖出马车，拉进教堂。暴徒们拔去她的头发，撕去她的衣服，用尖利的蚝壳割她的肉，砍去她的手脚投入火中。闻名一时的学者竟然遭到了如此野蛮的残害。希帕蒂娅的追随者和学生们为了摆脱基督教的迫害逃到了雅典，亚历山大学派就这样结束了。古希腊数学的发展也就此终结。但是，希帕蒂娅以及她的前辈们对数学的发展做出的贡献将与世永存。

希腊化时期的炼金术

亚历山大大帝征服世界各地之后，不仅把希腊的先进文化带进了古老的文化中心埃及，以及美索不达米亚和波斯，而且也开辟了与遥远的东方中国文明进行交流的通道。亚历山大大帝在埃及建立的亚历山大城不仅是数学、物理学的研究中心，而且也是炼金术的发祥地。由于亚历山大城有世界各地的学者和哲学家，使得各种思潮汇聚交融，形成新的哲学和宗教。正是因为希腊哲学、东方的神秘主义和埃及的工艺学这三个潮流的最后汇合，才导致了埃及炼金术的诞生。

炼金术就是指制造金银等贵重金属的一种方术。它是理论化学和实用化学第一次彼此结合起来所形成的一种崭新的产物。我们把从事炼金术的人叫做炼金术士。我们对埃及的实用化学、炼金术等状况的了解是通过用希腊文写成的纸草书获得的。其中的一份由于发现于来登（Leiden），所以被称为来登纸草书。来登纸草书大约于公元 1885 年公诸于世。公元 1913 年，在斯德哥尔摩又发现另一份纸草书，因此叫斯德哥尔摩纸草书。两份纸草书的字迹表明它们是同出一个人之手，很有可能是某个埃及工匠在作坊里使用的笔记。从纸草书的注明得知它们大约成书于公元 3 世纪。

从纸草书的记录可以看出：当时的炼金术士是一批希腊化时期注重实际的科学家。他们非常重视金属，并且已经拥有了关于金属性质的极其丰富的实践知识。他们认为采用各种技术方法会把廉价的贱金属转变为贵金属如黄金等，这是不容置疑的。在炼金术士看来，金色和银色是金银至关重要的特性，根据这两种颜色就可以判断他们的炼金过程是否成功。

在炼金术的操作过程中，炼金术士们通常使用一些试药，这些试药涂在金属表面能使金属的表面颜色发生变化。比如铜的表面氧化成为硫化物而变成黑色，也可以用砷的硫化物进行处理而变为白色。如果要把金属化成黄金的颜色，炼金术士们通常使用的试药是多硫化合物的溶液，这种溶液叫硫磺水。硫磺一词在希腊语中还含有"神圣"的意思。因此，硫磺水又名"圣水"，它可以用"神力"把贱金属变成黄金（当然制出的只不过是外观具有黄金颜色的伪黄金，其本质仍为某些贱金属或贱金属的某种化合物）。

炼金术士常使用的另一种重要试药是汞。汞的性质显得有些独特，它貌似金属，但却呈液态，因此往往被人们划为"水"类。直到很晚的时候（大约在500年～700年），人们才承认汞是一种金属。因为汞涂在金属表面会留下银色，而且炼金家们又认为一切金属既然都能熔化，所以也都具有可以流动的天然属性，而汞则正是这种属性的代表。因此，汞在炼金术士的心目中占有极不寻常的地位。

在炼金过程中要求制造大量的炼金设备，不仅需要在高温下用各种试药处理金属，而且常常要经过一道道工序来制造试药本身。亚历山大的化学家们表现出了令人惊异的巧思才智，发明了蒸馏器、熔炉、加热锅、烧杯、过滤器以及其他一些化学器具。一些类似的器具一直沿用至今。其中蒸馏器虽然有各种不同的用途，但是很多世纪以来它的唯一用途就是炼金。

左息谋斯（Zosimus）是这一时期著名的炼金术士。对于他的生活，我们一无所知。只知道大约在公元250年，他生于埃及的潘诺波利斯（即现今的阿赫米姆）。但是他的著作却留传至今。在左息谋斯的28本书组成的百科全书中，约有300篇著作对炼金术的全部知识作了详细的总结。其中描述的操作过程包括熔化、焙烧、溶解、过滤、结晶、升华，特别是蒸馏；加热方法包括用火、灯、沙浴和水浴等。由于在他的书中记载的资料难以理解，因此我们只能从一些段落中简单地了解一些内容。比如：从书中，我们可以了解到他可能对砷有所了解；他仿佛还记载了醋酸铅的形成，并且知道它的味道是甜的（甚至今天还称之为"铅糖"）。此外，在左息谋斯

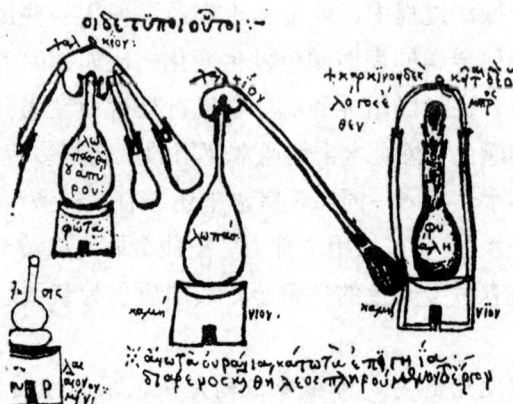

亚历山大的化学家们的器具

的著作中，也记载了有关炼金术的某些仪器装置（如下页图）。

亚历山大的技术工匠们（包括炼金术士）虽然最重视金属，但从斯德哥尔摩纸草书中还可以看到，他们同时也是一批从事实际操作的染匠。他们懂得怎样使用媒染剂，怎样染出各种不同的颜色。另外，纸草书中还记载了仿制宝石的操作方法。过去，一些老一辈化学史家把这些化学实践知识都归功于阿拉伯人，实际上阿拉伯人也是从现在我们谈到的这些资料中获得这些知识的。"化学"（Chemistry）一词最早出现的时间，大约和早期炼金术的一些配方的写成在同一时期。围绕着这个词原是什么含义的问题，曾发生过不少争论。有的人认为它来源于埃及语 khem（意为黑色），或者来源于希腊语 cheo（意为我浇铸或我倾倒）。"埃及"这个词本身的含义就是"黑色的土地"，得名于它那黑色的肥沃土壤。化学起源于埃及，按照炼金术士的说法，实现物质衍变的第一个步骤是"黑化"，因此化学又称为"黑化的工艺"。也有人认为化学这一名词来源于汉语的"金液"（Chin－i），该词在中国华南的福建方言中读音是"钦牙"（kim ya）。还有的人认为，化学一词来自早期化学家的冶金活动。不管怎么说，"炼金术"（alchemy）这个词确是在"化学"（希腊语为 chēmeia）一词前加上阿拉伯的定冠词"al"构成的，这就使人在回顾希腊人在化学方面做出的成绩时，不禁想起阿拉伯人的许多贡献。

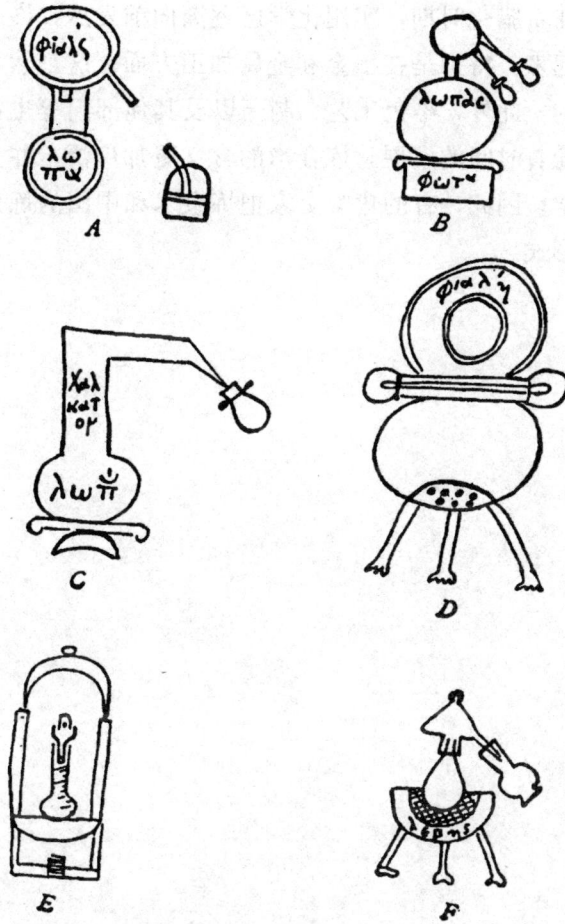

化学仪器装置图

（抄自巴黎国立图书馆中收藏的左息谋斯和其他人的希腊文手稿。这些仪器的希腊文名称在字典中查不着。A、B、C、F 表示蒸馏装置，Ambix 后来称为 Alembic（蒸馏釜），在手稿中把它的下部称为 lopas，把上部称为 phiale。它们有时用灯（phota），有时用沙浴（如图 F）加热。D 是一个 Kerotakis 或升华装置，E 为在沙浴上加热。phial 的装置，C 是个铜制蒸馏釜）

　　总之，在希腊化时期，实用化学已逐渐向前发展，许多化学工艺方法日益完善起来，特别是在冶金和金属加工方面，这当然和炼金术的兴起是分不开的。此外，染色工艺、制药以及其他部门等也都取得了相当大的成绩。随着时间的发展，炼金术的含义更加广泛，并且逐步发展成为现代的化学。因此，有的化学史家把炼金术和中国的炼丹术一起称为化学的原始形式。

罗马篇

罗马时期的科学文化

　　罗马所在的意大利半岛位于地中海北岸的中部，它和希腊、埃及等国家之间的航海交通很方便。罗马人像希腊人一样，具有已进入铁器时代文明的优势。意大利从旧石器时代开始直到铁器时代，连续不断地遭受着外国人的侵略。从公元前3世纪起，原本是一个奴隶制小城邦国家的罗马，陆续打败了意大利南部各个希腊城邦，并于公元前2世纪最终统治了整个意大利半岛。不久，罗马人又相继征服了亚历山大在马其顿和叙利亚的继承者，然后又把小亚细亚以及埃及托勒密王国并入了他们的版图。公元前1世纪，罗马取代希腊，已经成为横跨欧、亚、非三洲的大帝国。

　　早在公元前5、6世纪时，罗马人就与意大利南部的希腊人有接触，但是他们对于希腊的科学文化并不热心。公元前2世纪，罗马人征服了几个希腊化的王朝之后，越来越感觉到希腊文化的繁荣。当时，有很多人都渴望学习希腊文和希腊的科学文化知识。而所有希腊学者，为了能够在新的国家里生存下来，也必须学习拉丁文，其结果是产生科学文化上的融合。

　　罗马文化与希腊文化一样，是贵族阶级在奴隶阶级不自觉提供劳动力的基础上的有闲文化。但是由于罗马帝国的政治和经济情况跟希腊城邦国家有明显不同，使得罗马时代和希腊时期的学术思想也有较大差异。在希腊正是由于有了奴隶制度，而使自由民有思索的闲暇；但是在罗马，罗马人不仅从新征服的地方获得了巨额财富，而且也有机会得到奴隶。

罗马贵族们只是热衷于演说才能和战争艺术，对科学探索的兴趣则不大。如果上流社会的成员想受些科学教育，他们可以到奴隶市场去买一个希腊籍的家庭教师，且价钱可能比买一个好的厨师还要便宜。因此，在罗马，学者的研究工作往往会交给奴隶去做，出现了事不关己、高高挂起的状态。在专制的压力下，自然科学家遭受着奴隶式的驱使。像驱使奴隶那样驱使自然科学家，很难激起科学家们对真理的热情和气魄。因此，强大的罗马帝国终于萎靡下来，罗马科学技术的发展也日趋衰落。

古代科学的发展是与罗马帝国的兴亡共命运的。由于罗马内部奴隶制度的衰退和缺乏通货而引起的经济混乱，意味着罗马时代不久就将退出历史舞台。再加上公元 3 世纪开始出现的反科学的基督教的兴起以及 4 世纪末日耳曼人连续不断地入侵，进一步加速了罗马帝国的崩溃。在这种情况下，自公元前 6 世纪以来经过近千年繁荣的古代科学，就消失在烽火尘烟之中了。此后又不得不挨过近千年的黑暗时代，直到 13 世纪文艺复兴时代，才又重新出现科学文化的曙光。

尽管罗马人对科学事业的贡献很有限，但是在一定程度上，也确实吸收利用并推广了希腊的科学文化，并且在科学技术方面，罗马人表现出了和希腊人不同的特色。希腊人在数学、天文学、哲学等方面作出了辉煌的贡献。如果说他们的特点是偏爱理论的话，那么罗马人的特点就是偏爱实际。虽然罗马人学到了希腊人的大部分科学知识，但是他们并没有学习到希腊人从事科学研究的方法，他们的科学著作往往像卢克莱修的《物性论》那样以哲学为主，或像老普利尼的《博物学》那样，大部分是经验的总汇。罗马人也没有能吸取希腊人在科学理论和科学实验之间所达到的一定程度的统一性，所以希腊人在医学教学方面采用的解剖方法，也没能在罗马生根。

由于罗马帝国的政治稳定，国内长期和平，东西方科学文化的广泛交流，以及农业经济的发展，呈现出繁荣昌盛的景象，使得这时期的罗马人全神贯注于建立帝国。他们在建筑、农业、医学等方面显示了自己杰出的才能。罗马人在文学、戏剧、雕刻、美术等方面的成就，也是罗马文化黄金时代盛开的朵朵鲜花，它们完全可以和希腊时期相媲美。

虽然罗马人不重视科学理论，只偏爱实际，但是并不是完全没有科学家和技术家。自然哲学家卢克莱修，博物学家普利尼，建筑学家维特鲁维奥，农业技术专家瓦罗和医学家盖仑等等，这些都是堪与希腊天才为伍而不见逊色的罗马科学群星。

西方古代的历法知识

  古代埃及大约在 3000 年前就建立了统一的王朝，到公元前 332 年被马其顿征服为止，共经历了 31 个王朝。古埃及人经过长期的观察和实践，制定并改进了不少历法。

  古埃及有一种历法就是旬星制。它是将赤道附近的星分成 36 组，每组几颗，观察黎明前出现于东方是哪一组即标志哪一旬到来。每组管 10 天，故称旬星，合三旬为一月，合四月为一季，合三季为一年，这样一年就是 360 天。三季的名称分别为洪水季、冬季和夏季。

  由于埃及尼罗河水经常泛滥，埃及人经过观察，产生了对年的另一种认识。尼罗河的泛滥每年都使埃及土地的肥力得到恢复，这是埃及人经常过着舒适生活的主要原因。为了计算河水泛滥的规律，古埃及人就观测天狼星的出没。他们发现，当天狼星在天亮前出现于东方，汛期即将到来，这个周期大约是 365 天。可能根据这一认识，古埃及人才将一年 360 天增加为 365 天，成为现在阳历的来源。

  另一个文明古国古巴比伦早在 2000 年前也出现了历法的使用。古巴比伦人采用的是阴阳合历的历法，以春分为岁首，每年 12 个月，大月 30 天，小月 29 天，大小月相间，共 354 天，用置闰的办法调整 12 个月同回归年的差额。到公元前 4 世纪，最后确立了 19 年 7 闰的置闰制度。这种历法跟中国古代的阴阳历大致相似。

  古罗马人也有自己的历法，不过，他们的历法最初相当原始。据传说，公元前 8 世纪时，罗马人每年只有 10 个月，共计 304 天，剩下还有约 60 天正好是严冬季节，不加计算。其 10 个月的名称大致与现行公历的 3 月到 12 月的月名相符。在公元前 8 世纪末，罗马的第二位统治者努马受希腊历法的影响，才将罗马历法改为 12 个月。由于罗马人认为单数是吉利的数字，因此，他们将每月的天数都定为单数 27、29、31 三种，再通过安插闰月来调整年与月的关系。因为罗马人使用的闰月极不规则，使得罗马的历法很混乱。对此，18 世纪法国启蒙哲学家伏尔泰曾讽刺地说："罗马人常打胜仗，但是不知道胜仗是在哪一天打的。"

公元前 46 年，罗马皇帝儒略·恺撒决定对历法进行改革。他聘请希腊天文学家索西吉斯帮助修订历法，确立儒略历。很早的时候，埃及人就废弃了阴历，而采用 1 年 12 个月皆为 30 天外加 5 天的阳历。这 365 天的一年比实际的一年少 1/4 天，所以根据埃及年每 4 年落后于太阳 1 天，1460 年完成一整个周期。在托勒密王朝时，亚历山大的天文学家想把 365.25 天定为一年，却被埃及的保守主义者所拒绝。然而这一历法却被罗马儒略历采用。儒略历以冬至后 10 日为 1 月 1 日，作为岁首；每年 12 个月，大小月相间，大月 31 天为单月，小月 30 天为双月，平年 2 月 29 天，共 365 天；每 4 年设一闰年，只有当闰年时才在 2 月加进一天，为 30 天。这样，新历平年为 365 日，闰年 366 日。儒略·恺撒为了树立个人权威，就将他出生的 7 月份以自己的名字来命名（July）。

公元 27 年，奥古斯都做了罗马的皇帝。为了显示自己与他的前任儒略·恺撒有同样的权威，将原来 8 月的月名改用他自己的名字（August）来代替，以说明他诞生在 8 月，并且从 2 月份的 29 天中拿出一天放到 8 月，将 8 月改成大月，而平年的 2 月只有 28 天，只有闰年才有 29 天，且 8 月份以后的大小月也因此而颠倒。

公元 325 年，欧洲基督教国家在尼斯召开宗教大会，一致确认儒略历很准确，决定共同采用，并根据天文观测规定春分日必须在 3 月 21 日。根据儒略历的置闰法则计算，它的年长是 365.25 天，比实际值 365.2422 日多 0.0078 天，400 年中会差三天；因此，在使用了 1200 多年之后便差了 10 天，使春分日提前到 3 月 11 日。16 世纪时，罗马教皇格利高利十三世召集僧侣和天文学家讨论历法改革问题，最后确立格利历，也就是现在国际通用的阳历。格利历规定，年长为 365.2425 天，跟实际值仅差 0.0003 天，需要 3300 多年才差一天。而我国早在 1199 年的金代就颁布了"统一历"，年长的日子恰是 365.2425 天，这比格利历要早 380 多年。

罗马的农业

罗马的农业科学比较发达，它不仅吸收了希腊和迦太基的成就，而且富有创造性。

在罗马帝国建立后的前两个世纪里（大约公元前 1 世纪末到公元 2 世纪），在罗马帝国奴隶主阶级残酷剥削和压迫下，各地经济的发展虽然受到很大阻碍，但是由于劳动人民世世代代的辛勤劳动，生产力仍然得到发展。这个时期出现了带轮的犁和收割机械，开始了水磨的应用。

意大利本土的农业已走向衰落，各个省的农业却发展起来。意大利的粮食主要由埃及和北非供应。这些地区的劳动人民，经过艰苦的劳作，改沙漠变良田，修筑堤堰，开挖水渠，造水车，种植谷物，还因地制宜，在比较干燥的地方种植了橄榄树。爱琴岛上著名的葡萄园、橄榄林也都逐渐恢复了。罗马的农业呈现出一派欣欣向荣的景象。

但是，罗马社会在这种局部的经济发展和表面繁荣的深处却隐藏着社会经济衰退的征兆。从公元 2 世纪中期开始，罗马帝国发生了急剧的变化，各地的奴隶不堪忍受奴隶主的剥削，不断起来反抗，各省的起义接连不断地爆发，日耳曼部落以及其他的"蛮族"部落的侵袭日益加紧。强盛一时的罗马大帝国，至此已是一片风雨飘摇、山河破碎的局面。

公元 3 世纪，罗马政治上的混乱状态已达到极点，这时期也是罗马阶级斗争十分尖锐的时期。罗马的统治者们为了争权夺利，就要依靠军队，厚赏军队，而对人民却进行敲骨吸髓的压榨。在残酷压榨和战争痛

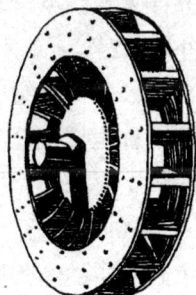

水轮机

苦折磨之下，人民又纷纷起来反抗。公元 3 世纪末，罗马帝国的经济已日趋衰落。许多城市中工商业凋零，人口稀少，荒凉冷落。由于劳动者的逃亡，罗马农业亦日渐荒芜。至此，罗马奴隶制社会已经走上绝路。

公元 4 世纪末（约 395 年），罗马帝国被分裂为东西两部：东部以君士坦丁堡为都城，史称东罗马帝国（又称拜占廷帝国）；西部以罗马为都城，史称西罗马帝国。由于罗马人民的起义和外族人的入侵，西罗马帝国首都又迁到北意大利的拉温那。公元 5 世纪末，罗马帝国终于在人民起义和外部入侵的浪潮中覆没。

罗马帝国的一些统治者和学者不像希腊人那样重视哲学和科学理论，但是他们却很重视总结农业生产的经验。因此，在罗马时期曾出现了许多反映农业发展的著作。公元前 2 世纪中期，曾担任执政官、监察官的农学家加图（公元前 234 年～前 149 年）曾写了一部《论农业》。这是古罗马的第一部农业著作，也是加图的主要著作之一。在这部著作中，加图阐述了管理奴隶制农业的一些基本原则，劝告农庄主人要把农庄设在交通方便以及距离城市比较近的地方。他还对怎样经营奴隶制农庄以及怎样对待奴隶和剥削奴隶提出了详细的意见。公元前 1 世纪，曾经担任大法官的瓦罗（公元前 116 年～前 27 年）也写了一部《论农业》。瓦罗是罗马第一所公立图书馆的筹建人，他一生比较善于观察。在他的《论农业》中，就详细地记载了他观察植物生长的情况。瓦罗的《论农业》共分三卷。第一卷主要是叙述经营农业的方法；第二卷是谈怎样饲养牲畜；第三卷是论述怎样饲养鸟类和养鱼。公元前 1 世纪，有一位诗人维吉尔（公元前 70 年～前 19 年），也曾写了《农业诗集》4 卷，用以介绍有关农业的生产知识。

公元 1 世纪中期，意大利农业经济开始走下坡路的时候，农业科学家科鲁麦拉也著有《论农业》。在这部书中，科鲁麦拉叙述了当时农业衰落的主要原因，提出了怎样发展已经衰落的意大利农业经济。

从加图、瓦罗和科鲁麦拉的著作中，我们不仅能够了解罗马时期奴隶制农庄的经营情况，也可以看到当时奴隶制农业的产生、繁荣和走向衰落的过程。

建筑史上的丰碑

　　罗马人讲究实际，以"实干"著称。他们对工程和应用科学最感兴趣。罗马时期的引水工程、宫殿、庙宇和运动场等建筑都是古代和中世纪西欧建筑史上最光辉的一页。

　　罗马引水道的修筑可以说是建筑史上的丰碑，在此后1500年的历史中是无与伦比的。罗马引水道是在公元1世纪末筑成的，连拱结构和混凝土的使用是引水道的两大突出技术成就。下图所展示的是罗马城附近现存的一段连拱长1372米、153个拱以及高约为12米的局部示意图。其中的连拱结构是为了使水渠跨越低地而采用的，特别是在低洼的地方，还采用了多层连拱技术，有些地方的三层拱桥甚至高达49米。在引水工程中，罗马人大量使用了在水中能够快速凝固的高强度、不透水的水硬性混凝土。

　　罗马引水道的建成，解决了罗马人的供水问题。公元前100年前后，罗马城只有9条引水渠道，而罗马城的居民很可能已达到百万人；因此，城市供水问题成为迫切需要解决的问题。引水道就是在这种条件下修建的。在罗马统治时期，不仅罗马城有引水工程，而且罗马帝国统治下的法国和北非等一些国家和地区也有。在这一时期的引水工程中，还采用了虹吸技术和筑坝蓄水技术等等。因此，引水工程不仅解决了城市居民的饮水问题，同时也有利于农田灌溉。

　　在建筑方面，罗马人还继承了埃及、希腊建筑庙宇的传统。罗马统治者不仅修复古庙，而且还修建了许多新的庙宇，其中万神庙是最为出

罗马引水道

色的庙宇建筑。这个庙宇用以供奉朱庇特等神，它是一座规模较大的圆形神庙，从修建开始到最终落成，大约用了150多年。

此外，能够代表罗马时期建筑水平的还有罗马城大斗兽场。大斗兽场的建筑时间大约在公元72年到80年。它是一个椭圆形的大斗兽场，并且和现代的大型体育场很相像。全长大约188米，宽约150米，四周有看台，可以容纳观众4500人。

罗马时期最著名的建筑师为维持鲁维奥（约公元前70年～前25年）。对维特鲁维奥的一生，我们知道的很少，只了解到他曾在恺撒大帝的军队里在非洲当过工程师，并且是罗马最伟大的工程师。他的《建筑学》（10卷）是现存最早的建筑学著作，直到意大利文艺复兴时期对建筑学上的问题都具有重要的参考价值。在这部建筑学著作中，维特鲁维奥明确地提出工程应该建立在科学理论的基础上。他还反复地谈到希腊的科学和科学家。他在书中所论述的问题，远远超出了建筑学，他讨论了天文学、声学，还描述了各种日晷及水轮的构造等等。

罗马人在直接为经济生活和文化生活服务的建筑学方面，已经远远地超越了前人。除罗马引水道、万神庙、大斗兽场之外，罗马城内的很多宫殿、广场、公共浴池、凯旋门等建筑也都反映了罗马时期建筑技术水平和社会繁荣的景象。

卢克莱修的《物性论》

卢克莱修（公元前95年～前55年）是罗马杰出的哲学家和科学家。他的著名哲学诗篇《物性论》是流传到现在的唯一的系统阐述古代原子论的著作。

早在公元前5世纪～前4世纪间，古希腊著名的哲学家留基伯（公元前500年～前440年）和德谟克利特（公元前460年～公元前370年）等人曾提出物质组成的微小粒子说。按照他们的学说，一切物质都是由最小的、不可分割的微粒——原子组成。留基伯首先提出原子和虚空的学说，接着德谟克利特则更为详细地论述道："一般所说的甜的、苦的、冷的、热的以及有色的物质，其实都是由原子和虚空组成的……原子是没有性质的各式各样的小物体，而虚空则是一些空的地方。原子在这些空的地方不断上下运动，或以某种方式结合在一起，或是互相碰撞、弹回，在这种结合中互相分开又碰到一起。这样，原子就生成其他一些复杂物体，还有我们的身体、状态以及感觉等。"公元前4世纪～前3世纪间，希腊的另一位哲学家伊壁鸠鲁（公元前342年～前270年）继承并发展了德谟克利特的原子学说。他在德谟克利特认为大小和形态是原子的主要性质基础上，提出了原子有重量。遗憾的是：留基伯和德谟克利特的有关原子论的哲学著作只留下一些残篇，而伊壁鸠鲁所遗留的著作也只有三封信和个别格言。现存最完整的全面、系统地论述原子论的古希腊哲学著作就是卢克莱修的《物性论》。

公元前1世纪，卢克莱修成功地继承并充分地阐述了德谟克利特的原子论。他在《物性论》中常使用"物的始源"、"原始物质"、"种子"等术语来表示希腊术语"原子"一词，他写道：

"……我想对你谈谈天界和神的本质，

我想对物的本原作些解释。

自然界从本原中创造一切，使它得到滋养和繁殖，

在它们死亡之后，自然界又重新把它们分解为本原。

在解释本原的实质时，

我们通常称本原为物质和物的原始物质，

我们也把本原叫做物的种子，认为它们是原初物质，

因为它们是万物之始……"

卢克莱修用诗的方式论述了物质是由永恒不变、不再分割的原子组成，原子有形状、大小和位置的区别。物质之所以具有特别复杂的性能，是因为原子的结合方式、位置和数量不同，原子的位置和结合次序改变了，物质的性质就会发生改变。他还提出物质是守恒的、物质和运动不可分割的思想。

在卢克莱修看来，自然界的一切现象都是由原子经过无数次相互结合而产生的，自然界中的风、雨、雷、电、雪、地震以及火山爆发等自然现象均可由原子论来说明。他并不相信亚里士多德的世界是由尽善尽美的上帝所创造的这一假设，而是认为世界是无限的、永远在变化的。这些思想是与上帝和神创造世界的宗教迷信相对立。然而，卢克莱修却并不完全否认神的存在，但他认为神也是由原子构成的，并且神不关心人类的事务。他不相信死后有什么天堂、地狱式的生活；然而却认为死亡是安静的，是一切化为乌有的前奏，所以死并不可怕。

卢克莱修以各种方式运用原子论来解释自然界中的一切现象，但是他却将这种观点运用得太极端了。他甚至认为像灵魂和人们做梦这类非物质的东西也都是由原子构成的，只不过这些原子比构成明显的物质东

西的原子更为细小罢了。

卢克莱修的长诗《物性论》直到 1417 年才发现并到处流传，1473 年首次出版并广为传播，文艺复兴时期受到人们的极大尊崇。

关于卢克莱修的一生，我们了解甚少。从后来作家的少数资料中了解到，他大约生于公元前 95 年，他一生可能几度发疯，据说他在一次发疯时自杀了，时间大约是公元前 55 年。有关他的死因的说法是值得怀疑的，很可能是一些人出于对卢克莱修的厌恶，认为他不该有体面的结局，怀着这样一种幸灾乐祸的心情而为他杜撰的故事。然而，卢克莱修在其诗篇中特意想使人类摆脱由于对宗教的恐惧所造成的沉重负担，真算是在一片荒野中孤独地呐喊，他毕竟代表了古代反宗教观点的最勇敢的发言人。

赛尔苏斯的《药物论》

　　赛尔苏斯是罗马贵族中最高贵门第之一的成员。关于他的一生，几乎没有供我们参考的资料。他可能是生活在罗马全盛时期（约公元前 10 年～公元 37 年）的一位学者。

　　据说赛尔苏斯曾把希腊人的知识和学问收集在一起，并摘要地介绍给罗马人，使他们能够共同分享这些伟大的成就。他曾写了许多关于修辞学、哲学、法学、军事、艺术以及农业和医学方面的著作，这使他成为罗马最为杰出的百科全书作家之一。遗憾的是，除了有关医学的部分著作留传下来以外，其他的大部分都已散失。由于赛尔苏斯写作时使用了拉丁语，而在当时尽管是在罗马人的统治下，但从事科学技术研究的仍然是希腊的科学家，因此，拉丁语的地位较低，不像希腊语是医学和学术界的正式语言。所以赛尔苏斯以及他的著作被当时的医学界忽视了。这种情况大约持续了 13 个世纪之久。

　　然而，赛尔苏斯和他的著作在近代早期却引起奇特的反响。1426 年和 1427 年，人们首次发现了他的医学著作并立刻重新复制，1478 年印刷出版。在当时文艺复兴时期人文主义①的冲击下，医学正在复苏。赛尔苏斯突然间享有了非凡卓越的内科医生的盛名，并最终获得了"医学上的西塞罗"的称号。由于赛尔苏斯的著作之一《药物论》保存了公元 1 世

----

　　① 人文主义：是欧洲文艺复兴时期的主要思潮，反对宗教教义和中古时期的经院哲学，提倡学术研究，主张思想自由和个性解放，肯定人是世界的中心。

纪的语言和医学基本原理，这些对于文艺复兴时期的科学家来说，乃是非常纯净的拉丁语的源泉。因此，《药物论》被看作是医学界的典范。

《药物论》共有 8 卷正文和一篇导言。导言中提到了 80 多位作者，这是一篇非常有价值的古代医学史。在书中，赛尔苏斯针对当时采用放血、催泻、呕吐、饥饿疗法等治疗疾病的方法提出了自己的建议。他认为这些疗法都可能具有相当大的危险，这些措施虽然都是有益的，但只有在对特殊的病人进行仔细认真地诊断之后，才能有节制地使用这些方法。《药物论》中对发烧、精神病、肺结核、黄疸病、瘫痪以及其他疾病都作了有益的论述，并对风湿病人和痛风病人的饮食提出了十分详细的建议。赛尔苏斯对解剖学也非常重视，在这部著作中，他强调了解剖学对医疗实践的重要性，很好地叙述了扁桃体切除手术和许多其他手术。在记述一些比较困难的手术如白内障（指眼球玻璃体发生不透光的情况）、切除甲状腺肿、截肢等手术时，他清楚地描述了当时手术所使用的一些医疗器械，他还叙述了牙科学和如何使用牙镜。此外，书中还指出了发炎的四个主要特征是：发红、发热、发肿和疼痛（即红、热、肿、痛）。

对于赛尔苏斯的《药物论》的评价，众说纷纭。有人认为这本书只不过是从一本罗马时代的希腊原著中翻译过来的；有的人认为赛尔苏斯收集了许多医学资料，是个汇编者；也有人以为他接触了古代所有的，包括许多现在已经失传的医学著作之后，著成了《药物论》……无论怎样，赛尔苏斯的大部分著作很有可能摘引了希波克拉底学派收藏的著作，曾被称为罗马的希波克拉底。

大约在《药物论》出版问世 50 年之后，瑞士的一位炼金家采用了"帕拉赛尔苏斯"这样一个绰号，其含意为"超过赛尔苏斯"或"比赛尔苏斯强"。赛尔苏斯的名字一直保留至今，与帕拉赛尔苏斯是分不开的。

普利尼的《自然史》

　　普利尼是罗马最有名的博物学家。公元23年出生于意大利北部新康谟（今意大利科莫）的一个富裕人家。他是一个具有广泛兴趣和好奇心的人。他生活的罗马时代，正值罗马帝国强盛时期，因此，他的兴趣得到了充分发挥。在罗马受教育之后，他曾从事法律工作，23岁时，普利尼开始了他的戎马生涯。他在现今的德国指挥部队服役，有机会到欧洲各地区去考察，据说他曾广泛地到德国、高卢、西班牙和非洲等地旅行。公元52年，他又回到新康谟定居，并从事写作和学术活动。

　　普利尼一生勤奋刻苦，从不浪费任何一分钟可用于读书写字的时间。据说，为了在旅行时也能进行工作，他从不走路、骑马，而是坐四轮马车。甚至在洗澡时，他还要秘书在一旁念书给他听。在军队服役期间，他也设法找时间写下一部日耳曼战争史，在马背上记下了所看到的投掷武器的情景。他匆忙地写下了许多著作，其中最主要的要算《自然史》。这部著作在中世纪时，曾被认为是已有的关于自然界一切知识的宝库。

　　《自然史》共有37卷，内容包括所有的自然科学和人类的技艺技术，是古代世界知识的完整总结。其中第1卷介绍了全书内容和材料来源。第2～6卷描写宇宙，介绍人种和地理概论。后面的几卷讨论的是我们称之为自然史的内容，都是论述关于各种兽类、鱼类、昆虫类和鸟类的事情。第7～11卷为动物学，介绍了人、哺乳动物、鸟类和昆虫等。第12～19卷论述了植物学及其应用，其中讨论的内容很多，包括林业（含各种树木花卉）、农业和园艺业，他还介绍了如何利用植物材料制造有用的产品如酒、油等的方法。第20~32卷主要涉及药物学的内容，说明了植物在医学上的应用，并从道德和药物的角度批评了当时社会中存在的奢侈现象。第33~37卷中，普利尼叙述了矿物学和冶金学以及它们的应用，描写了绘画颜料的加工和雕塑材料的制作技巧，同时对古代许多艺术家及其作品进行了评述。

显然，《自然史》确实是一部以内容多样、学识广博为显著特点的著作。其内容变化之多并不亚于自然界本身。因此，《自然史》被誉为"百科全书式的著作"。普利尼也和瓦罗、赛尔苏斯并列成为罗马时代所产生的三个伟大的百科全书作家。在写这部著作时，普利尼参考了2000多本古代书籍，其中320多本为希腊人的著作。这部著作始终贯穿着人类是自然的中心，一切安排都是从人的需要这条主线出发，比如植物必定是人的食物或药物；动物则必定是人的食物和仆役。如果一种植物或动物对人类没有什么物质用途，那么这种植物或动物的生活习惯必定对人们在道德上有所教益。这些观点符合早期基督教的某些教义，因此这本书才得以保存下来。书中保持了自然界的奇迹和尊严，所以在整个中世纪起了良好的作用。但是，普利尼在这部著作中也出现了很多的错误。在汇集整理这一巨著的过程中，他对于自己感兴趣的内容材料，全然不顾其似是而非，一概收入他的书中。此外，普利尼的书中还引用了许多不可思议的故事来描述人类中的"奇形怪状"的人。其中有半男半女的安得罗格尼，有只有一只眼睛的阿里马斯比，也有腿向后长的阿白里蒙，还有没有嘴巴靠吸入花香生存的人等等。

普利尼一生非常关心科学文化的发展，看到当时罗马的科学文化日益衰退，极度担忧。罗马人虽然建立了财富充盈、资源丰富的庞大帝国，但是其科学文化的发展却似乎丧失了一切动力。在希腊时期，虽然很多国家之间战火连绵不断，旅行考察很危险，然而科学研究事业却得到了蓬勃发展。而在罗马时代，尽管建立了秩序与和平安宁，具有旅行安全的便利条件，也具有大量的书籍和从事科学文化工作的好条件，但是科学研究却明显地停滞不前了。普利尼认为：这一切都是由于他的同时代人只关心自身的安全和财富造成的。在他看来，科学的衰退只不过是整个罗马世界的弊病的一小部分。

　　一生献身于科学事业的普利尼，为了搜集火山爆发的资料，竟身临现场，不幸遇难。公元 79 年，普利尼被罗马皇帝韦斯巴芗安排到罗马国家舰队做统率，当时舰队驻扎在那不勒斯海湾西北的迈圣纳姆海军基地，8 月份维苏威火山大爆发，摧毁了庞贝城和赫尔克兰内姆城。普利尼为了目睹火山爆发的实况，坚持上岸观察。由于他患有先天的肺部衰弱症，在观察时，普利尼因停留时间过久，被火山爆发喷出的浓烟毒雾熏倒，没有受到一点外伤就去世了。但他的《自然史》等著作却在后世得以留传下来。

古代最后一位伟大的医学家

古代最后一位伟大的医学家就是罗马时期著名的医生盖仑（公元130年～200年）。

大约在公元130年，盖仑出生在小亚细亚爱琴海边的珀格摩姆（现在的土耳其伯格孟）。他的父亲是当地有名的建筑家尼孔，而他的母亲却是一位爱争吵的妇女。传说，有一天夜里，尼孔梦见了医药神阿斯克利庇奥斯，医药神告诉他，说他的儿子命里注定要成为一名医生，希望尼孔要好好培养他。尼孔确实这样做了。盖仑17岁以前，被父亲送到学校学习，拜柏拉图学派的学者为师，学习亚里士多德、德奥弗拉斯特等学派的学说。17岁的盖仑开始给一个精通解剖学的医生当学生，从此，盖仑与解剖学结下了不解之缘，并走上了医生生涯。20岁时，盖仑为了追求医学知识，开始了旅行生活。他先后到过希腊、巴勒斯坦、腓尼基、塞浦路斯、克利特岛和亚历山大城等很多地方，学到了不少医学知识，30岁那年才重新回到故乡珀格摩姆。

盖仑回到珀格摩姆不久，这里每年一次的夏日节日集会开始了。因为当地没有一个称职的医生可以为角斗士们治伤，盖仑就被聘为角斗士学校的医生。他认真对待这个工作，专心为角斗士们治伤，并获得了巨大的成功，成为角斗士们的正式医生。不久，他又不满足于珀格摩姆的生活，决定到帝国的京城——罗马去试一试自己的医学技艺。公元162年，他来到罗马城。

在罗马，盖仑很快受到了人们的尊重。据说一个非常有名的哲学家患了疟疾，罗马许多著名的医生都治不好这种病。于是，哲学家就来找盖仑医治。不久，盖仑果真治愈了他的病。没过多久，他又治好了恺撒大帝的一名主要行政长官妻子的病，从而得到这位长官的赞助和庇护。从此，盖仑名声大振，找他看病的人也越来越多，被人们誉为一个奇迹的创造者。后来，在罗马皇帝马克·奥里略（161～180年在位）的邀请下，成为宫廷御医，并永久定居于罗马，曾先后为三个皇帝服务过。

在行医的过程中，盖仑一直坚持对解剖学的研究。但是，由于宗教的原因，罗马时代仍然禁止进行正规的人体解剖，盖仑只是利用了许多偶然的机会来了解这方面的情况。在《论骨骼》一书中，他曾谈到他经常在坟墓或历史遗迹被弄开的时候借机观察人体的骨骼。有一次，洪水把一具尸体从坟墓中冲出来，它顺着溪水流下来晾在河滩上，尸体上的肉全部烂掉了，但是骨骼仍然完整地相互连接着。这样，盖仑就把它当作标本进行细致的观察。还有一次，一个强盗的尸体被扔在离路边不远的田野里，没有一个人愿意埋葬这个坏蛋，结果尸体上的肉完全被鸟儿吃完了，仅剩骨骼，这对盖仑来说简直就是现成的解剖演示实验。

为了研究人体的解剖，他曾解剖了狗、羊、猪、猴等许多动物，并且认为对于医学解剖来说，猿类在解剖上与人类最接近。正是由于他解剖的对象是动物而不是人本身，致使他的解剖学研究存在着明显的缺点和不足。例如，盖仑认为人体的肝是五叶的，而实际上一些动物如狗的肝脏才是五叶的。尽管如此，盖仑在解剖学方面的研究成果还是不可低估的。通过解剖，他已经认识到人体有消化、呼吸和神经等系统。他对肌肉也曾进行了很好的研究，许多肌肉组织都是他首次辨认出来的。盖仑还通过切割动物脊髓的不同部位，观察了由于切割引起麻痹的程度，从而指出了脊髓的重要性。

盖仑还是一位实验生理学大师，尤其在神经系统生理学的研究上更为突出。他仔细地进行了脑、脊椎的神经的解剖。他指出，神经起源于脑和脊椎，而不是像亚里士多德所说的起源于心脏。他还对脊椎进行了一系列的实验，注意到当第一节和第三节脊椎骨之间的脊髓受到损伤时，立刻就会导致死亡；第三节和第四节脊椎的损伤会抑制呼吸；第六节脊椎骨以下横切脊髓将造成胸部肌肉的瘫痪等等。虽然在今天看来，盖仑的错误很明显，但是过去一代又一代的科学家却认为他的理论非常令人满意，直到19世纪才有人对他的理论作出实质性的修改。

盖仑认为生命过程应被分成三个层次，分别由植物性灵魂、动物性灵魂和理性的灵魂来控制，而生命最终由呼吸的元气（即空气）维持。元气和三个层次的灵魂进行适当的分配，形成"自然灵气"、"活力灵气"和"动物灵气"。"自然灵气"是在肝脏中形成的，它能引起人体生长。"活力灵气"成于心脏，控制人体运动。而"动物灵气"是在脑子里发生的，它适应于思想活动。盖仑认为三种灵气和血液一样遍布人体，这就导致了他在血管系统的论述中出现一些错误，并且教条地断言心脏是有穿孔的。在他看来，血液由肝脏形成后，就流入右心房，再入右心室，然后通过心脏左右两心室间隔膜上的微孔转入左心室，在那儿与从肺部来的血液混合。左右两心室的血液通过小孔可互相流通。血液从心脏流入血管，在血管里像潮汐涨落那样，先朝一个方向，然后又朝相反方向往返流动，流动的动力是血管本身的收缩力。盖仑的这一血液循环的错误理论，一直到17世纪英国著名医学家哈维（1578年～1657年）的有关血液循环学说的著作出版，才退出它在学术界的统治地位。

此外，盖仑还是一位伟大的医学著作家。他在忙于医疗实践、解剖研究等过程中，还撰写了大量的医学著作和专题论文。他一生写了不少有关哲学、数学、语法、法律、解剖学、生理学、脉搏、卫生学、营养学、病理学、治疗学和药学等方面的著作，其中有131本是关于医学方面的，遗憾的是仅有83本幸存下来。在欧洲的黑暗时期，盖仑的大多数长篇大作虽然不为世人所知，但也没有失传或完全被人忽视。由于盖仑的写作风格实在令人厌烦，现在仍很少有人细读这些著作。

写到此，大家不难看出，在盖仑的身上不仅具有医学家、实验家的特征，而且还兼有哲学家和神学家的特点。在当时的社会环境中，盖仑已是相当科学化的人物了，而对于后代的科学家来说，他却显得十分神

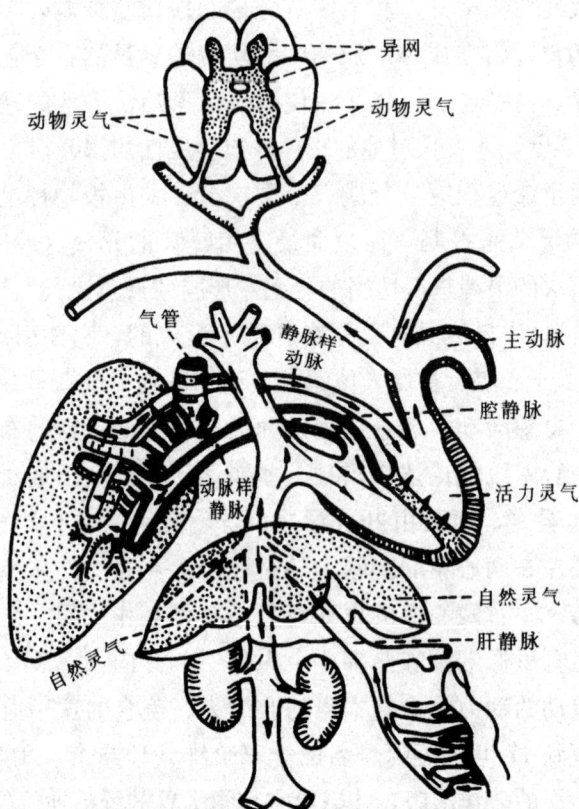

图注:
- 异网
- 动物灵气
- 动物灵气
- 气管
- 静脉样动脉
- 主动脉
- 腔静脉
- 动脉样静脉
- 活力灵气
- 自然灵气
- 肝静脉
- 自然灵气

表示盖仑关于血液和灵气分布理论简图

秘。但是,无论如何,盖仑确是从古代直到维萨留斯以及后来的哈维这段时期内最重要的解剖学家和医学实验家之一。他追求真理的科学精神极大地教育和鼓舞了后人。几百年来,盖仑的理论阻碍了生物学的进步与发展,但这并不是盖仑本人的过失,主要还是教会对他的错误赋予了巨大的权威。盖仑的死亡标志着希腊医学富有创造性时期的结束。

中国篇

雄伟壮观的万里长城

　　长城，中华民族古老悠久历史的象征，它像一条巨龙盘踞在中国北方大地上。它的走向由西向东跨过黄土高原、沙漠地带、崇山峻岭、河谷溪流；它雄伟壮观、工程浩大，被誉为世界建筑之奇迹。

　　万里长城的修筑历史可以追溯到2200多年前的战国时期。当时，诸侯分立，各自割据一方，经常相互攻伐，进行兼并战争。同时，北部游牧民族猃狁、林胡、楼兰、东胡、匈奴等也经常向南侵扰。因此，秦、赵、魏、齐、燕、楚等诸侯国各自修筑长城以便自卫，而靠近北部的秦、赵、燕又在北部边界修建了长城，以防御来自北方的突然袭击。燕国长城西起独石口，东到辽宁东，用以防御匈奴和东胡的侵扰。赵国长城西起内蒙临河县，东到河北蔚县城，主要防御林胡和楼兰的袭击。魏国长城北起黄河后套，直达陕西西北方，南边接华山，它防御的对象是匈奴和秦国。齐国长城西起山东境内黄河，沿泰山到诸城，主要用于防御吴国和楚国的攻伐。燕、赵、魏、齐等国的长城遗址，至今还可以看到。

　　公元前221年，秦始皇兼并了六国，结束了战国割据的局面，统一了中国。为了管理的方便和各地方的文化交流，秦始皇下令统一了交通工具车辆的轮子距离，使用车同轨，规定了统一的文字以及统一度、量、衡制度。正当秦始皇从事国内改革的时候，北方匈奴趁机打了进来。匈奴本来是中国北部一个古老的少数民族，战国后期，匈奴趁北方燕、赵衰落之机，步步南侵，夺去了黄河河套一带的大片土地。秦始皇建立大帝国之后，就派大将蒙恬（tián）领兵30万去抵抗，并收复了河套一带的土地，设置了 44 个县。

为了防御匈奴的再度侵犯，秦始皇开始征用民夫，打算把原来燕、赵、秦、魏等国的长城连接起来，并加以扩建。公元前 213 年，修筑长城的巨大工程开始了。由于长城跨越的地区大都是荒凉偏僻的地方，地势险峻，气候恶劣，数十万民夫长年累月在这里艰辛劳作，生活没有保障，还要倍受如狼似虎的官吏们的严酷监工。因此，无数民夫弃尸荒野，不知造成了多少个家庭的妻离子散，给广大人民带来了多少深重的灾难！孟姜女哭长城的故事就深刻反映了当时的惨状。

传说，在秦始皇修筑长城时，孟姜女的丈夫范喜良被征为民夫，被迫去修筑长城，结果累死在长城脚下。孟姜女在千里之外，日夜思念自己的丈夫，经过长途跋涉，来到长城工地为丈夫送寒衣。得知丈夫惨死的消息，悲痛万分，便在长城下痛哭，一连哭了三天三夜，哭得感天动地，长城竟然倒塌下来。于是，孟姜女发现了丈夫的尸骸。后来，孟姜女投海自尽。这虽然是一个虚构的故事，但是死于长城脚下的范喜良却不知有多少，又造成了多少个孟姜女式的甚至更为悲惨的悲剧。

经历了十多年的艰苦劳动，30 多万民夫终于筑起了秦代的长城。它西起甘肃临洮（今甘肃岷县），沿着黄河到内蒙临河，北达阴山，南到山西雁门关、代县、蔚县，接燕国北部长城，经张家口东达燕山、玉田、锦州延至辽东（今辽宁辽阳西北），长达 3000 余千米。从此，长城雄踞于中华北部大地，在历史上发挥过战略防御的重要作用，今天仍成为人们缅怀古代辉煌文明的伟大建筑工程。应该说，长城是古代劳动人民智慧的结晶，同时也是古代劳动人民血和泪的结晶，它既说明了古代劳动人民的伟大，也反映了古代劳动人民的不幸。

汉代为了防御匈奴的侵袭和保护通往西域的丝绸之路，汉武帝时便发起了重修长城的浩大工程。整个工程，除重新修建和巩固秦长城以外，还加建了东段的朔方长城和西段的凉州长城。朔方长城经由内蒙古的狼山、阴山、赤峰，东达吉林。西段凉州长城经甘肃敦煌、玉门关，一直延伸到新疆。并且沿着长城还修建了大量的关隘、城堡以及烽火台等设

修筑万里长城

施，构成了一个严整的防御体系。

汉代长城修缮和重建之后，匈奴主南侵的计划受阻，然而汉、匈人民之间的和睦却加强了。公元前 33 年，匈奴呼韩邪单于入朝，迎娶王昭君为妻，自此，汉匈和亲，作为军事工程的汉长城沿线，变成了南北各族人民友好往来的通道。

秦汉长城所经过的地区，包括黄土高原、沙漠地带以及无数的崇山峻岭和河流溪谷，在当时条件下，不可能都用事先加工好的建筑材料来完成这项巨大的工程。因此，民工们采用了就地取材的方法：黄土高原

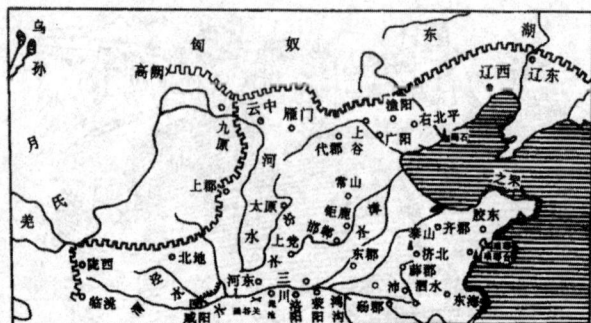

秦代长城径行图

一带的长城，如现存临洮境内的秦代长城，采用挖土版筑的方法建筑。而无土地带的城墙如赤峰附近的汉长城，则用石块砌成。干旱地区的长城如玉门关一带的汉长城，则用土或夹杂少量碎石的土与红柳或芦苇层层压叠而成。在山岩溪谷处的长城，由于地势陡峭险峻，只用石块砌筑城墙容易坍塌，因此采用木石并用建筑而成。

汉代以后，从三国一直到隋、唐，都对长城进行过或多或少的修建，但大规模对长城全面修建是在明代进行的，前后经过 100 多年才完成。现存的长城基本上都是明代重修的。

明代长城西起嘉峪关，东达山海关，总长约 12700 里，故后世称之为万里长城。明代长城的关城（或称关隘）很多，大都选择在地势险要的军事孔道上建造，防御配置非常严密。关城一般都在关口修筑营堡，加建墩台，关口之外还筑有护墙，有时护墙还有多层，如居庸关外有三道护墙，而雁门关建有 3 道大石墙，25 道小石墙。这些护墙的建筑都是为了加强纵深防卫。著名的关城有嘉峪关、山海关、雁门关和居庸关等等。

嘉峪关是明代长城西端的起点，建在甘肃省酒泉城西 35 千米处通往新疆的大道上，是"丝绸之路"的咽喉要道。长城雄峙于嘉峪山上，南面是白雪皑皑的祁连山，北面是一片茫茫的戈壁滩，关前则有一条清清的泉水。城墙高约 12 米，四角设有角楼，南北设敌楼。城上建有光化门

崇山峻岭间的万里长城

城楼、柔远门城楼、嘉峪关城楼，这些城楼威严耸立。关城的墙顶、垛口、马道等均用砖砌成，其余部分用夯土完成。整个关城异常肃穆壮观，加之它处于极端险要的位置，因此，有"天下第一雄关"之美称。相传，在修建城关时，由于设计周密、精确，施工管理严格、合理，因此完工之后，仅剩一块砖。这块砖被后人放在重关的小楼上，以作纪念。

山海关是明代万里长城东端的终点。它位于河北、辽宁两省的交界线上，在河北省秦皇岛市的东北部。它北倚峰峦叠翠的燕山山脉，东南面临波涛汹涌的大海，山海关长城就建立在中间山上，自下而上和关城相连，并延伸到老龙头入海处，宛如一条巨龙脱海而腾跃在万山丛岭之间，构成险要的关隘，成为由华北通往东北三省的咽喉要地。整个山海关城巍然耸立于山海之间，自古以来就是军事重要镇，且有"一夫当关，万夫莫敌"之势，因此号称"天下第一关"。

今天我们在北京所看到的居庸关、八达岭等地的长城，也都是古代的防御阵地，构成扼守北京的严密防卫体系。

与长城相套的建筑有烽火台和墩台。烽火台又称烽燧，这一般建在长城两侧山岭的最高处，也有与城墙相连接的，大约每隔 1.5 千米就有

明代长城的城墙和烽火台

一个。台上建有瞭望室，贮有柴草，一旦遇到敌情，白天焚烟，夜晚举火以报警。墩台的建筑与烽火台相似，作火力配置之用，实际上是一个炮台。它外围有墙，内可住兵，贮粮食，旁边也有掘出的水井，为长城防御体系的一个重要组成部分。

由此可见，长城不仅反映了中国古代高超的建筑科学和技术，而且充分体现了当时丰富的战略防御思想和军事才能。长城这座雄伟壮观的工程，凝聚了无数劳动人民的血汗和智慧，不愧是中华文化的灿烂瑰宝。

秦汉时期两条著名的通航运河

秦始皇统一六国之后，全国范围内的军事行动虽已结束，但在边疆的战斗仍在继续。当时南有百越（泛指中国古代分布于今浙江、福建、江西、广东、广西一带与中原华夏民族不同的民族，因其部族众多，故称百越），北有匈奴，他们经常骚扰秦国边境，对秦王朝造成很大的威胁。秦始皇为了巩固和扩大自己的统一政权，开始对这些地方用兵。

据记载，秦始皇曾派50万大军兵分五路进军岭南，也就是现在的广西北部和湖南南部边境。战斗异常激烈，岭南部族首领为了维护他们统治的利益，凭借河川险峻、树高林密的地理条件负隅顽抗，秦军在向南进军的过程中遇到了很大的阻力。由于横亘在湘、桂、赣、粤间的南岭山脉阻隔，山高岭险，岭峰一般都在海拔1000米以上，南北通行只有山岭中峡谷隘口间的小道，为秦军以及粮草辎（zī）重的通行造成了极大的不便，严重影响了秦军的进展。

为了克服五岭障碍，解决军粮及军需品的运输问题，秦始皇就派史禄负责开凿灵渠。公元前214年（秦始皇三十三年），史禄奉命开始凿渠。他首先对开渠的地理环境进行勘察，把开渠地点选在广西兴安县境内，然后汇集了军民中间最有经验的人来施工。

兴安县地处越城岭和都庞岭之间，是湘江、漓江的分水岭。湘江发源于海洋山麓的海洋河，由南至北流至广西的兴安城东，东北流入现今湖南，经洞庭湖汇入长江。而出自兴安县城北面的富贵岭和点灯山之间的漓江支流始安水，由北向南。湘江的支流双女井溪和漓江的支流始安水之间相距只有 2 千米左右，水位差不到 6 米，中间只隔着太史庙山、始安岭、排楼岭等一系列的小土岭，这些小土岭宽仅有 300 米～500 米，相对高度不过二三十米。因此，只要在湘江上游筑坝截流，挖通湘、漓两江之间的渠道，就可以沟通长江和珠江两大水系。

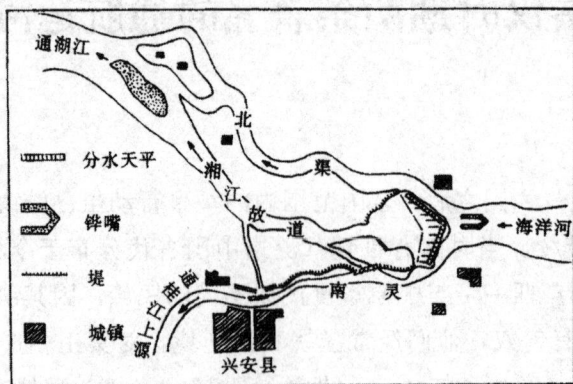

灵渠示意图

灵渠工程主要包括南渠、北渠和在分水口构筑分水铧嘴以及靠近北渠口和南渠口的比渠岸略低的大天平石堤和小天平石堤等。

南渠是灵渠的主体工程之一，总长约 30 千米，大部分是利用天然的河道，在此基础上进行挖深和拓宽，人工开挖的只有分水塘至铁炉村约 5 千米的一段渠。在南渠首段的大泄水天平（即溢洪道）处，有一块高约 4 米、周长约 20 米的飞来石突立渠旁。关于这块飞来石的来历还有一段神话传说呢。传说在开凿这条渠时，这里有一个猪婆精每天都要来捣乱，白天工匠们辛辛苦苦修成的堤坝，晚上就被这个猪婆精拱倒。然而，工匠们并不灰心，拱倒重开，终于，工匠们坚强的意志感动了天神。一天夜里忽然狂风大作，大雨倾盆，祥光一闪，一颗巨大的石头从天外飞来，把猪婆精镇死在渠堤下，于是这段渠就修成了。人们把这块巨石叫飞来石。这显然是一个神话故事，但它却生动地反映了灵渠开凿的艰巨。南渠首段还有一处叫小泄水天平，在兴安县城马嘶桥下。大泄水天平和小泄水天平都是溢洪道，就是在水坝一侧修筑的一个防洪设备。它像一个大槽子，当渠中的水位超出安全限度时，水就从溢洪道向下游流出，防止水坝被毁坏，起着保证渠道安全的作用。

北渠迂回在湘江故道以北的平畴间，全长 4 千米左右。

铧（huá）嘴把河水三七分流，三分经南渠流入漓江，七分经北渠导归湘江，因为它的形状很像翻土用的农具犁铧，故名铧嘴，也叫铧堤。它修筑在大小天平的上部，周围均用巨石叠砌而成。大小天平是截江分流工程，在铧嘴的下面与铧嘴及南北渠相连，而略低于渠岸。大小天平与铧嘴合成"人"字形，全长 120 米左右，靠近南渠一侧的叫小天平，靠近北渠一侧的叫大天平。大小天平的作用是：（1）拦截河水，提高湘江水位，减少南渠过分水岭的开凿量。（2）拦河蓄水，即使是在枯水季节也可保持灵渠通航所需要的水量。（3）在洪水季节，洪水可以通过略低于湘江两岸的天平泄入湘江故道，确保灵渠渠道的安全。（4）与铧嘴配合，起分水作用。这样，在大小天平的调节下，灵渠中的流水涨而不溢，枯而不竭，使渠内的水流量经常保持在安全的情况下，因而被称为"天平"。

灵渠完成之后，由于运输无阻，秦始皇迅速征服了南越和西瓯（今广东、广西一带），推进了秦王朝统一岭南的进程。

由此可见，灵渠的修筑从总体布局到各个具体工程的设计不仅十分合理，而且处处都很符合水利学的科学原理。这说明了秦朝时人们已掌握了水利方面的不少知识。灵渠是中国古代水利工程的伟大创举，在历代的水运交通中都起到了重要的作用。即便是到了近代，京广铁路建成以后，灵渠仍没有丧失它的作用。虽然作为运航的作用已逐渐消失，但它已成为以灌溉为主的水渠，在中国和世界航运史上的地位永不会改变。

到了汉代，人们对水利工程的修筑水平又有了进一步提高。汉武帝元光年间（约公元前 134 年～前 129 年）开凿的漕渠是中国古代又一个著名的航运工程。漕渠是一条引渭水从长安向东直通黄河的大型渠道，全长 100 多千米。几万民工经过三年多的艰辛努力，才筑成这个水渠。漕渠的完成，不仅大大节省了向长安漕运粮食的时间，增加了漕运量，而且还使沿渠的 10000 多顷农田得以灌溉。

此外，汉代的农田水利灌溉工程的兴建非常活跃，西汉时期兴建的龙首渠、六辅渠、白渠、灵轵（zhǐ）渠、成国渠和纬渠以及东汉时期建成的黄河大堤和汴渠等都反映了汉代水利工程的进步，说明了汉代渠线的勘测和工程测量技术均已达到了相当的水平。这些水利工程的兴建为后世农田水利事业和农业生产的发展都提供了很好的条件。

威武雄壮的秦代陶塑兵马俑

秦始皇陵兵马俑堪称世界第八奇迹，它是世人瞩目的古代陶塑，是中国的瑰宝。陶塑兵马俑的发现，说明了早在 2000 多年以前，中国的陶塑技艺就已经达到了非常高的水平，同时也反映秦始皇对生和死的穷奢极欲。

秦始皇统一中国之后，随着统一局面的逐步稳固，他开始追求享乐，寻求长生不死的灵丹妙药。公元前 215 年，秦始皇曾派方士去寻找仙人，寻求不死之药。但是事实却一次又一次地使他失望。于是，秦始皇转而营造陵墓，准备死后继续统一天下。

秦始皇把墓的位置选在骊山附近，就是现在陕西临潼县城东约十五里处。骊山一带物产富饶，山色秀丽，地涌温泉，景色宜人，或许这就是秦始皇选择此地作为自己陵墓的一个重要原因吧。

秦陵分墓葬区和从葬区两部分。墓葬区就是安葬秦始皇的墓区，为了使秦始皇死后能享有人间的一切，不惜让数以万计的人以及价值连城的财宝陪葬，作为秦始皇的从葬区。从葬坑大约有 300 余个，陶塑兵马俑就是在陵东的从葬区中发现的。数以千计的兵马俑被埋在三座从葬坑中，根据发现的先后顺序，我们把它们叫做第 1 号坑、第 2 号坑和第 3 号坑。

第 1 号坑是 1974 年发现的，坑呈长方形，东西长约 230 米，南北宽 62 米，总面积达 14260 平方米。从坑的结构以及所藏兵马俑的装备情况来看，1 号坑出土的 6000 个兵马俑身着战袍，腿扎行腾，手执弓、弩，

秦兵马俑

背负箭笈。这些武士俑身高均为 1.80 米左右，战马俑与真马的大小相似，它拖着木质战车的装备，显示了一幅气势磅礴、待命征战的雄伟惊人的场面。这是一支以步兵、车马混合编组的主体部队。

2 号坑为 1976 年 5 月发现，距 1 号坑约 20 米，规模较 1 号坑小。东西最长处为 96 米，南北最宽处为 84 米，总面积约 8000 平方米，这个坑为弩马、战车、骑马穿插组成的混合部队。兵马俑个个高大威武，神态逼真。立射武士俑身着战袍，脚登战靴，穿护腿，双目怒视前方，仿佛将要举弓瞄准，准备射杀来犯的敌人。骑兵俑身穿紧腰短袍，外披齐腰铠甲，紧扎护腿，足登皮靴，显示出随时准备出征的神态。

1976 年 6 月发现的第 3 号俑坑规模最小，呈凹字形，面积约 520 平方米。坑中有战车一组，执殳武士俑 64 名，是统领 1、2 号坑的军事指挥部。

三个从葬坑中的 8000 兵马俑以多兵种混合编队，组成了肃穆雄壮的大型军容，它们是秦代禁卫军的真实写照，是秦始皇陵墓的护卫部队。虽然它不是当年秦军的复原，但它却真实地反映了当年强大的秦始皇军队统一全国时的雄壮规模。

今天，当我们来到秦始皇陵兵马俑博物馆里，看到那浩荡无比的队伍的时候，怎能不为其声势和气魄所感动！那些形似真人的兵马俑，年老的、年少的，性格刚毅的、平和的；神态有豪放的，也有含蓄的，虽然没有什么强烈的动势，但面部却充满了朝气和生机。看到这些神态不同、性格各异的陶俑武士，我们怎能不为古代的无名陶塑艺术家感到由衷的钦佩！

秦兵马俑不仅是人们欣赏的陶塑艺术品，而且对于中国通史、秦代发展史、中国美术史、中国陶瓷史、中国兵器史等有关的科学技术史和军事史都提供了具有重要价值的实物资料。但是，它们在尚未被人类认识之前，却经受了不少风风雨雨，曾经受到不公正的待遇。

70多年前，秦始皇陵东的西杨村有一个农民打井，挖了好几天仍见不到水，却挖出一个陶塑的人，陶人的个头像真人一样高大。这个农民认为是这个怪物在作怪，使他挖不出水来。一气之下，就用绳子把陶质人吊在树上，然后砸得粉碎。

50多年前，秦陵西面的一个村里的农民在耕地时，曾发现一个陶质人头，接着又挖到三个跪首的陶质人，但当时人们并没有把它们当回事，所以陶质人又被丢在一边。

不久，焦家村农民又挖出两个跪首的陶质人，看起来像是泥塑的菩萨，于是迷信的农民就专门为这两尊陶人盖了个土地庙，并经常到此祭祀。

1974年3月，西杨村农民打井时挖出一个圆口形的陶器，继续挖，却是一个立在陶俑上身的瓦盆爷。农民们仍以为挖不出水的原因是由于瓦盆爷在作怪，于是仍用老办法把它吊起来。当地的水保员把临潼博物馆的工作人员请来让他们鉴别，也没有弄清楚，最后就把它运到博物馆暂存，还把打碎的部分进行粘补，花了两个多月的时间修复了三个陶俑。后来，一个新闻记者回家探亲，恰好发现了这件事，他认为这可能是很有价值的文物，就立即写了份材料，建议国家文物局与陕西文物局注意这一发掘。材料上报中央后，立刻得到党和国家领导人的重视。这样，举世闻名的世界奇观秦始皇兵马俑才见了天日，这个埋藏在地下2000多年的文化宝藏，才以其神奇的姿态展现在我们的面前。

地下科技博物馆

1972 年～1974 年的两年时间内，中国的考古工作者在长沙做出了惊人的发现，引起了世界的轰动。

这个地区的名字叫"马鞍堆"，后来念走了音就成了马王堆。在马王堆挖掘出了三座西汉墓，分别命名为马王堆 1 号、2 号和 3 号汉墓，马王堆这三座墓葬的土方量估计在 6 万立方米以上。其中 2 号墓主人是长沙国丞相利苍〔封为轪（dài）侯〕，1 号墓主人是利苍之妻，3 号墓主人是利苍之子。他们葬入墓穴的时代是公元前 2 世纪，距今已逾 2100 年。

漆器和丝织品

由于西汉朝廷规定，不允许把金属和贵重物品当作随葬品，轪侯及其家属就使用了大量的漆器和丝织品。漆器的价值很高，约为同样的铜器的 10 倍左右。随葬的几百件漆器，种类很多，例如鼎、奁、壶、杯、勺、盆、盘、屏风和几等。有些种类是过去从未出土过的。

从漆器的制作工艺来看，它的胎质分为木质、竹质和夹纻（zhù）质三种。前两种的制作工艺较为简单。夹纻胎（也称"脱胎"）是先用木或泥制作器物的胎模，而后用麻布或丝绸一层层粘附在胎模上，当麻布或丝绸干实后去掉胎模，这就是"脱胎"。脱胎的优点是，质薄体轻，结实耐用。这是中国漆器工艺中的独特创造。

中国是世界上养蚕缫丝织绸的最早国家，被称作"丝国"。这在马王堆的汉墓中也有所反映，并且比长沙的楚墓中的种类、数量、花色和质量都要好。其中最突出的是一件轻薄透明的素纱禅（单）衣和一种具有立体效果的绒圈锦。

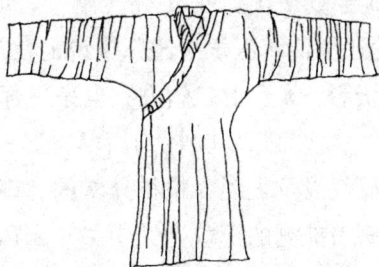

马王堆西汉墓出土素纱禅

这种素纱禅衣长 1.28 米，袖长 1.9 米，用天平称，它的质量仅有 49 克，不足 1 市两（50 克）。根据折算可知，每平方米衣料仅为 12 克～13 克。真可谓"轻纱薄如空"。这样的禅衣，1 号墓中共有两件。就现代纺织学的计量来说，纤度的单位是每 9000 米长的单丝重 1 克，就叫做 1 袋（dài）。经测算，禅衣中蚕丝纤度只有 10.5 袋～11.3 袋。而现代条件下生产的乔其纱纤度却有 14 袋。可见素纱禅衣的衣料质量之好。穿着禅衣，一般是将它罩在锦衣之外，使锦衣的花纹不致太明显。

1 号汉墓还出土了一种绒圈锦。它的纹样并不起眼，但是它的制作工艺繁难，最能反映出当时织造工艺的水平，对研究当时织造工艺的发展有特殊的价值。一般来说，它的织法很复杂，织花时要有 2～3 人的协作。过去的看法是，这种织造工艺是元明时期从国外传入中国的；马王堆出土的实物证明是中国人自己发明了这种技术。

除了大量的实物之外，马王堆汉墓中还保存了大量的书籍。

医 书

就医药学来看，3号墓中出土了4种文献。《足臂十一脉灸经》和《阴阳十一脉灸经》论述了传统医学中经脉学说的发展，为研究经脉学说的发展提供了重要的资料。《五十二病方》也是一部已失传的医学著作，其中涉及内科、外科、妇产科、儿科、五官科的一些病症，如破伤风、化脓性痈疽、疟疾、疝气以及表现为精神异常的"癫疾"。甚至可能有关于麻风病临床症状和病因推测的记载，其中关于麻风病因（"冥虫"）的推测无疑是世界上最早且较为正确的推测。专家研究表明，《五十二病方》的成书年代要早于《黄帝内经》。

导引图（部分、临摹）

4部医书中最引人注目的还是《导引图》。它是一幅帛画，面积为1米×0.5米，有4排，44人摆出各种各样的运动姿势。导引之法实际上是一种医疗体育的方法，利用运动来进行治疗，兼有锻炼身体、改善体质的作用。

天文、气象和律管

除了医书之外，还发现了两部重要的天文学著作：《五星占》和《天文气象杂占》。这也是现存最早的两部天文学著作。

《五星占》有 6000 字，前面是占文，后面是五星位置。占文就是古代的占星术，通过天象变化来推测或"暗示"人间祸福。五星就是水星、金星、火星、木星和土星，古代也称为辰星、太白、荧惑、岁星和填星。《五星占》中记载的金星、木星和土星的会合周期和恒星周期的数据，都是很精确的。

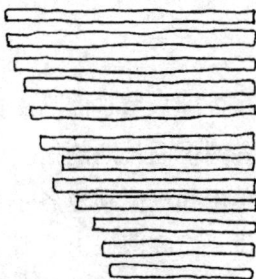

《天文气象杂占》是图著，绘有云、蜃气、晕、虹、恒星、彗星等天象 250 幅图。其中最为

马王堆西汉墓出土
的竹质律管

精彩的是 29 幅彗星图像，它反映出中国古代天文观测方面的突出成就。

除了科技著作，还出土了一些哲学和历史著作。另外还有一些艺术价值很高的绘画作品（如仪仗图和"非衣图"）和乐器，特别是 1 号墓出土的一套竹质律管，共 12 根。这是首次发现的，可以称作"稀世之珍宝"了。这对研究中国古代律学和（乐）声学有重要价值。

马王堆出土的大量实物反映出中华民族已创造出的灿烂文明，反映出西汉农业和手工业（如漆器和纺织品）发展水平之高，同时又展现着天文学、医药学、防腐学、地理学、美术、音乐等方面的重要成就。

马王堆汉墓不啻为一座西汉科学和艺术的庞大博物馆！

统一度量衡

度量衡是商品交换的工具。秦始皇在统一中国以前，战国时期由于各诸侯国长期割据，度量衡的制度也各不相同，度量衡的名称五花八门，单位和进位制也各不相同。比如量制在秦国是以升、斗、桶（斛）为单位，而齐国以升、豆、区、釜、钟为单位，赵国则以升、斗（镒）为单位，魏国以半斤、斗、钟为单位。同样量制中的斗，但量值却完全不同，秦国 1 斗约合 2010 毫升，赵国 1 斗约合 2114 毫升，而魏国的 1 斗则合 7140 毫升。各国的进位制也不相同，秦国以升、斗、桶为十进位；齐国以升、豆、区、釜为五进位，釜和钟却又是十进位。这种完全不同的度量衡制与春秋战国的割据局面相适应，但却与秦始皇统一中国后的政治统一相矛盾。秦始皇要发展国家的经济、巩固自己的统一政权，必须要统一度量衡。

公元前 221 年，也就是秦始皇统一中国这一年，秦始皇颁发诏书，明确命丞相隗状、王绾把混乱的度量衡统一起来。秦始皇以秦国原有的度量衡为基础，废除六国的旧度量衡，制定新的度量衡制度。新的度和量均为十进位，度的单位有寸、尺、丈、引，1 尺为 10 寸，1 丈为 10 尺，1 引为 10 丈。量的单位有合、升、斗、桶（斛），10 合为 1 升，10 升为 1 斗，10 斗等于 1 桶（斛）；而衡制则规定以铢、两、斤、钧、石为单位，它们的进位关系是：24 铢为 1 两，16 两是 1 斤，30 斤等于 1 钧，4 钧为 1 石。秦始皇还下令制作统一的度量衡器发至全国，以作为标准器。

为了有效地统一全国的度量衡，秦始皇采取了三项措施：（1）定期检查。就是每年 2 月对全国的度量衡器进行定期检查，以确保计量器具的准确和统一。（2）大肆宣传。就是让普天之下的官吏和老百姓都知道并熟练掌握统一的度量衡制度，通过宣传，使人们明白统一度量衡的好处。（3）通过法律来保证统一度量衡制的准确推行，凡是不按统一的度量衡制度办事的人都要受到法律的制裁。

在秦以后的 2000 多年中，尽管由于历史条件的不同，各种度、量、衡的单位也发生了很多变化，但是各种基本单位以及它们相互的比值等制度都长期继续了下来，而且基本上保持了全国范围的统一。这也是秦始皇对国家统一事业的一大贡献。

在统一度量衡的同时，秦始皇还统一了文字，使小篆和隶书成为全国通行的字体，对我国的政治、文化发展产生了深远的影响。

天下同称"蔡侯纸"

纸是古代中国人民的四大发明之一。今天,人们书写和绘画要用纸,看书和读报,内容也是印在纸上,人类文化得以保存、传播也依赖纸。特别是在古代,纸主要是用于满足人们学习文化、记录事件、绘画等方面的需求。

一般来说,西汉时期,虽然还不能准确地讲出何人发明和制造了纸张,但是,纸的雏(chū)型已经产生,从地下挖掘出一些残纸就说明了这一点。

早期的书写材料主要是竹板和木板,有钱人则用"丝帛"。后来,人们偶尔从缫(sāo,抽丝)丝过程中,用帘子把散乱的丝絮从水中抄出时,可以得到一层薄薄的"丝纸"。这种东西通常是丢弃物,后来有些人拿这种无用的东西写字,效果还不错。类似的还有用麻絮抄出的"麻纸"。

最初,麻纤维和丝纤维造出的纸,其质量很差。2000多年后的今天已很难见到它们了。偶尔发现,对于是否是纸仍有争论,谁是纸的最早发明者就更难定论了。

现在流传下来的说法是,纸的发明人是东汉的蔡伦。尽管现在仍有争论,但是,至少可以说,在造纸技术的发展中,东汉的蔡伦曾对此做过重要的贡献。

蔡伦13岁时,进宫当了太监。这一年是汉明帝永平十八年(75年),由此推知他的生年是公元62年。5年后,他当上了"小黄门",

这是太监中地位比较低的小官。由于他工作认真，对皇家忠心耿耿，汉和帝刘肇继位时（永元元年，公元 89 年），提拔蔡伦做了"中常侍"，这是太监中较高的职位。这个官职主要是负责传达皇帝诏令和掌理文书，权力比较大。永元九年（公元 97 年），蔡伦又兼任"少府"的"尚方令"，管理皇室金库和宫廷内务，而"尚方令"专管监制宫内御用的器物和宝剑等。

蔡伦原本就对手工业生产很有兴趣，加上他天资聪颖，勤于思索，很快就熟悉了他掌管的许多事物。史书上对他监作的秘剑和其他器械评价很高，由于质量好，以至于成为后世工匠模仿的样板。他掌握了许多手工技术，并对许多技术进行了改进，使当时的金属冶炼、铸造、锻造，以及机械制造工艺技术得到进一步的提高。

对于书写，蔡伦并不陌生。可是书写在竹简上，每本书就太笨重了。古代有一个很有学问的人，人们称他"学富五车"，说的是他认真钻研了五车竹简书。秦始皇勤于政务，每天要看"一石重"文件，这些文件也是用竹简装订成的。除了竹简，还有一种缣（jiān，细绢）帛可用于书写，但它的价钱太高了，普通人是用不起的。

蔡伦认为，缣帛和竹简作为书写材料都有缺点，应找出一些原料造出新的书写材料，而且新的书写材料应既便宜又实用。

蔡伦利用皇家工场的便利条件，找来一些破布头、树皮、麻头、破渔网做原料，进行反复的实验。最后，终于造出了质量较好的纸。

元兴元年（105 年），蔡伦把造出来的纸张献给朝廷。汉和帝刘肇对蔡伦的试验非常赞赏，并下令在全国推广，并且让史官记录下蔡伦的功劳。为了纪念蔡伦的功绩，人们把这种纸叫做"蔡侯纸"。

元初元年（114 年），蔡伦进宫当差已有 30 多年了。这些年来，蔡伦办事认真，任劳任怨，并且精明能干，皇太后十分欣赏蔡伦，就降旨封他为"龙亭侯"。后来又封为"长乐太仆"，这是朝廷中"九卿"之一，专门侍奉皇太后和皇帝本人。不过，汉宣帝刘祜（hù）很不放心蔡伦，就借口整理"家法"典籍，把蔡伦从太后身边调走。

元初七年（120 年），皇太后去世，刘祜临朝亲政，为剪除太后的势力，借机对蔡伦审讯，蔡伦不甘受辱，就在建光元年（121 年）服毒自杀了，享年 59 岁。

"蔡侯纸"指的是用旧麻造的麻纸、用穀（gǔ）树［也叫构树或楮（zhǔ）树］皮造的穀纸和用废渔网造的网纸，"蔡侯纸"是这三种纸的总称。

蔡伦像

现在已见不到蔡侯纸了。估计这种纸较为便宜，因为它的原料便宜，并且来源很广。造上述三种纸的工序较多，以穀树为例，一般要经过剥皮、沤烂、蒸煮、捣打、抄造、干燥等诸工序。由此可见，造纸工艺是较复杂和较先进的。如果经过这些工序制作，"蔡侯纸"的质量也应是不错的，何况蔡伦还要将它献给皇帝呢！

蔡伦对造纸技术发展做出了巨大的贡献，对社会文明的进步起着不可估量的作用。美国作家迈克尔·H·哈特的《历史上最有影响的 100 人》一书中，将蔡伦排在第 7 位（前 6 位是穆罕默德、牛顿、耶稣、释迦牟尼、孔子、圣保罗），在科技人物中仅次于牛顿，名列第 2 位，在技术发明人物中，则排在第 1。可见蔡伦在科技发展史中地位之高。

蔡伦之后，造纸技术仍在不断发展，东汉中平二年（公元 185 年），中原地区又出现了一位造纸能手，他的名字叫左伯。

这时，文人喜爱的书写文具是张芝笔、韦诞墨和左伯纸。韦诞认为，"如果用张芝笔、左伯纸和我的墨，保证大字写得龙飞凤舞，小字写得方寸千言"。

这三种文具中，左伯纸尤显精妙。它的纸光滑、洁白如玉。据说，东汉书法家蔡邕（yōng）写字作文，必要用左伯纸。后来，曹操请蔡邕的女儿蔡文姬写书时，蔡文姬要用左伯纸，曹操就亲自给她送来左

汉代造纸工序图

伯纸。

　　随着纸张产量的不断提高，晋朝时，笨重的竹简就逐渐被废弃不用了，而昂贵的缣帛也只是在一些特殊场合偶尔用一下。

　　西晋史学家陈寿（232年～297年）写下了《三国志》，它有65卷，分魏、蜀、吴三志。该书写完之后，不久就被抄在纸上了。这部书成为世界上第一部用纸抄写的书。

　　这部抄在纸上的《三国志》早已散失了。1924年，在新疆鄯善县出土的一些文物中，发现了这部书的残页，存有80行，1000多字。这残页

曹操为蔡文姬送来左伯纸

的原件已流入日本，中国只有影印本。1965 年 1 月，在新疆吐鲁番的一座佛塔遗址中，也发现了这部《三国志》的残页，存 40 多行，500 多字，是用隶书写成，非常工整，内容是《孙权传》部分。这区区千余字的残页得以留存至今实在是太幸运了。

好丹术的王爷

豆腐是举世闻名的大众化食品，因它制作简便，营养丰富，物美价廉，故深受人们的喜爱。现在除中国外，东亚诸国以至于欧美各国都常吃豆腐。豆腐的故乡在中国，然而在中国不同的地方生产的豆腐又有明显的差别，有的地方生产的豆腐质嫩，吃起来细腻可口，但是用手拿不起来；而有的地方生产的豆腐质老，手拿起来不烂，但吃起来味道并不很鲜美。安徽省淮南市八公山的豆腐，味道鲜美，质地又嫩，久负盛名。相传，这里豆腐的发明者是西汉初年的淮南王刘安。

刘安（公元前177年～前122年）是汉武帝时期的一位著名的炼丹家。他是汉高祖刘邦的孙子，其父刘长被封为淮南王。汉文帝时，刘长因谋反罪被流放到蜀郡（今四川），途中病死。汉文帝宽大为怀，对于刘长的几个儿子没有再追究，并封其长子刘安为淮南王。

淮南地处现在淮河中游的安徽淮河南岸的寿县、淮南市一带。西汉时期，这里是一个非常富庶的地方。淮南王刘安为人明敏练达，不仅自己写得一手好文章，而且对于四方有术之士和文人学者也很敬重。所以，许多有学问的人都来投奔他，其中包括最有名的苏飞、李尚、左吴、田由、雷被、毛被、伍被和晋昌，人称"八公"。由于刘安和"八公"经常聚集在淮南八公山一带，炼丹讲道，著书立说，八公山也就因此而得名。

淮南王刘安和他的大群宾客，写了很多炼丹著作，可惜传到今天所剩已是寥寥无几了。《淮南子》（或名《淮南鸿烈解》）二十一卷是保存最为完整的一部书。其中第七篇"精神训"中记载了"熊经、鸟伸、凫浴、蝯（猿）躩、鸱视、虎顾"等导引术语，虽然这里只及其名，未作进一步详细描述，但是联系到马王堆西汉古墓中发掘出来的"导引图"来看，它显然就是指古人锻炼身体的体操——导引术。后来，"神医"华佗在前人经验的基础上，总结提炼，创立了一种保健体操"五禽戏"，并提倡经常参加适当的体育活动，对预防和治疗疾病、延年益寿确实起到了有效的作用。因此，这种活动一直在民间流传，至今仍为人们所喜闻乐道，从而促进了中国古代保健事业的发展。后人也曾仿照华佗的"五禽戏"，把刘安记述的六式导引术语合称"六禽戏"。

现在已不完整的《淮南万毕术》是刘安及其宾客所著的另一部炼丹著作，只是原著已经失传。今天我们所看到的《淮南万毕术》的一部分是清代学者从宋人所编《太平御览》中辑出的。

《淮南万毕术》一书对炼丹家常用的汞、铅、丹砂、曾青、雄黄等药物特性以及它们的一些变化作了记述。如刘安在书中记录了"丹砂为澒（gǒng，即汞）"的结果。澒，就是指丹砂所化成的水银。这里说明了硫化汞（丹砂）和水银可以相互转化，是完全合乎科学道理的。铁对铜盐的置换反应，在化学领域里是很重要的一类反应，可以说它是炼丹家的一大发现。刘安在《淮南万毕术》中就描述了"曾青得铁则化为铜"的现象。曾青是含铜的一种矿物，其主要成分是碱式碳酸铜。用这种方法可以制得较纯的单质铜，因此，西汉以后出产胆矾（主要成分是 $CuSO_4$）的地方大多使用这种方法制铜。

此外，《淮南万毕术》中记述的"金入猛火不变色、不失重"，正确地认识到了黄金这种贵重金属不易发生化学变化的特性。"夜烧雄黄，杀虫成列"说明雄黄烧过之后产生的气体可以杀虫，这一现象是正确的，因为雄黄燃烧产生三氧化二砷（AS_2O_3）和二氧化硫（SO_2），这两种物质均有杀虫的效果。

虽然刘安描述的有关化学知识很简单，但它反映了人们对化学的最初认识，在化学发展史的长河中有着很重要的意义。

刘安的结局像他的父亲一样，因谋反未遂而自杀身亡。不过，由于刘安炼丹的名气大，民间传说，刘安与"八公"吃了丹药"白日升天"去了。就连府上的鸡和狗吃了丹鼎（炼丹炉）中剩下的仙药也随之而去。这就是"刘安得道，鸡犬升天"。现在，淮南市八公山下还有刘安炼丹的遗迹——"丹井"，这里也是刘安得道之地。

爱科学的王爷

二十八宿和干支纪年

在天文学研究上，刘安有着重要的贡献。对于宇宙的演化，刘安认为，宇宙万物都源于一种混沌的状态——"太始"，它不断演化，便形成了道、宇宙、气，接着又形成了天、地、阴阳、四时、水火、万物……这种演化学说在天文学发展史上具有重要的意义。刘安还认为，万物皆由元气构成。

《淮南子》中记述了"二十八宿"和"干支纪年法"，这是天文学史的珍贵史料。

"二十八宿"就是黄道（从地球看到太阳视运行轨道）和赤道附近天空被划分 28 个大小不等区域（"宿"）。每一个"宿"都用一个较亮的星作为标准点（初点），用以标示不同的"宿"。这二十八宿相当于一个坐标系，用以说明天体运行很方便。《淮南子》记录的二十八宿对研究古代天文学史很有价值。

六十干支表（六十甲子表）

0 甲子	10 甲戌	20 甲申	30 甲午	40 甲辰	50 甲寅
1 乙丑	11 乙亥	21 乙酉	31 乙未	41 乙巳	51 乙卯
2 丙寅	12 丙子	22 丙戌	32 丙申	42 丙午	52 丙辰
3 丁卯	13 丁丑	23 丁亥	33 丁酉	43 丁未	53 丁巳
4 戊辰	14 戊寅	24 戊子	34 戊戌	44 戊申	54 戊午
5 己巳	15 己卯	25 己丑	35 己亥	45 己酉	55 己未
6 庚午	16 庚辰	26 庚寅	36 庚子	46 庚戌	56 庚申
7 辛未	17 辛巳	27 辛卯	37 辛丑	47 辛亥	57 辛酉
8 壬申	18 壬午	28 壬辰	38 壬寅	48 壬子	58 壬戌
9 癸酉	19 癸未	29 癸巳	39 癸卯	49 癸丑	59 癸亥

中国古代的"纪年"方法主要是"王公"纪年，翻阅古籍可以见到"鲁定公三年"（公元前 507 年）、"秦昭王三十年"（公元前 277 年）等，后来又采用岁星（木星）纪年。从东汉起采用干支纪年。所谓干支就是 10 个天干（甲乙丙丁戊己庚辛壬癸）和 12 个地支（子丑寅卯辰巳午未申酉戌亥）两组合起来，构成甲子、乙丑……癸亥，共计 60 个。干支纪年用于记录历史事件是极具中国特色的，如"辛亥革命"（1911 年辛亥年武昌起义）、"甲午战争"（1894 年、甲午年中日战争）、"戊戌维新"（1898 年、戊戌年康梁变法）等。干支纪年法排序简单，又便于记忆，因此，沿用至今仍未被淘汰。

磁棋、阳燧、潜望镜和冰透镜

刘安和他的宾客对许多物理现象也有很大兴趣。他们知道磁石可以吸铁，但不能吸引别的固体物质，甚至连铜器都不能吸引。他的宾客还注意到磁石间的排斥现象，并试制成功磁性棋子。具体做法是：先用磁针磨铁，磨下的铁屑用鸡血和（huò）好，作粘合剂用。再把磁铁矿石加工成棋子的基体，而后把普通棋子的上部用粘合剂同基体粘接起来。这就做成了一种磁性棋子。下棋时，磁性棋子会发生吸引或排斥的现象，非常有趣。据说，当时的一位方士也做过类似的棋子，棋子可以自行碰撞。

关于如何取火的问题，古代有用凹面镜（"阳燧"）取火的记载，刘安对这种现象作了记述。汉代学者高诱为它作注时，叙述了取火的具体过程：把金属杯子的外缘去掉，并且用力摩擦，直到磨光为止，而后用它对准太阳，在会聚光的位置上放置艾绒即可点燃。可见这是一种简便易行的取火方法，并且较早地借助光学方法利用太阳能。

如何制作镜子呢？刘安的宾客也记载了一种简单的工艺：用水银（作抛光剂）涂在青铜镜面上，再用干净的毛毡用力摩擦，使它的表面平整光洁。这样的镜面反映出的反射像非常明亮清晰，眉毛鬓丝都一一可见。

刘安还设计了一种"潜望镜"。他让人在墙头上高悬一面镜子，镜面朝下并向外偏；而后再把一盆水放置在地面上。从水盆反射的映像可以看到外面的各种现象。尽管这个装置有些简陋，但它却是世界上首次关于平面镜组合的实验验证，并且也是世界上第一条关于潜望镜的记载。

世界上最早的潜望镜示意图

在光学研究中，刘安还制作了透镜——冰透镜。这是一个圆形冰块，用它对准太阳，用艾绒放在光线会聚处，就可以引燃艾绒。这个实验非常有趣。按一般人的思路：水（冰）火是不相容的，刘安的实验竟可以用冷冰来取火，真令人惊讶不已。刘安的研究也为后人研究透镜发展的历史提供了文字上的佐证。江苏扬州的一座东汉墓中曾出土一个扁圆镶着金环的水晶凸透镜，放大倍数为4～5倍。东汉时，王充也在《论衡》中大致提到制作玻璃的材料。今人研究表明，王充提到的"阳燧"有可能是用玻璃制作的。

在中国2000多年的封建王朝统治期间，像刘安这样的王爷如此钻研科学的人，除了明朝的朱载堉（yù，1536年～1611年）之外，大概是极为罕见的。

王充和他的《论衡》

英国哲学家弗朗西斯科·培根（1561年～1626年）有一句人人皆知的名言："知识就是力量。"这句话感召力之深，使许多人过目辄记，并且终生以此为座右铭，以激励自己奋发进取。但是，在培根之前1500多年，中国的东汉思想家、哲学家和科学家王充（27年～96年）也阐述类似的观点："人有知学，则有力矣。"

刻苦攻书

王充，字仲任，会稽上虞（今市，属浙江）人。王充的家庭比较贫穷，用他自己的话说是"孤门细族"。他的祖上因作战有功曾做过小官，到他的祖父王汎（fàn）时，家搬到钱塘县（今杭州市）；王汎的两个儿子王蒙和王诵（王充之父）好"勇势凌人"，这才迁居到上虞县。王充的祖父曾经商，但是父辈主要是务农。

小时候，王充的小朋友们喜欢抓鸟捕蝉，有时还搞恶作剧，甚至打架。王充则不和他们一起玩这些游戏，这使父亲感到奇怪。6岁时，父亲教他认字，发现王充很有天赋。8岁时，父亲就送他到学馆读书。

由于家里很穷，王充很珍惜读书的机会。他学习认真，进步很快，成绩一直都很好。后来，父亲去世了，他就一边干活，一边学习，并且尽心地侍奉母亲。20岁时，王充决心深入地研究文学、史学、哲学和科

学。他决定到东汉首都洛阳的最高学府——太学
去求学，以便学到更多的知识。

在太学，王充很荣幸地聆听到著名历史学家
班彪的讲课，这对他的学习和研究很有帮助。在
课余时间，王充认真地阅读太学的藏书，这大大
地开阔了自己的眼界和思路。太学的书不够王充
读，他就跑到街上的书肆中去读。那里的商人并
不讨厌王充只读书，不买书。因为他念得很认真，
谁不喜欢好学习的小伙子呢！王充在这里看书，
正好还可以为他招揽些客人呢！就这样，王充读

王充像

了许多书，诸子百家的学说几乎都藏在他的心中。几年的学习使王充感
到充实多了，这为他日后的研究打下了坚实的基础。

王充读书，除了认真之外，他很善于抓住其中的关键问题，分析之
后，再下结论。例如，古代和当时的人认为雷击是天神发怒的表现，是
对一些人犯下未为人知的罪过的惩罚。他认为，这是"虚妄之言"。雷电
是一种自然现象，并不是天神愤怒的发泄，也不是口吐隆隆的气浪折断
树木、毁坏房屋或击杀坏人，他从声学上加以分析。王充认为，声源近，
声强；声源远，声弱。如果雷声极响，天神应距地面很近，可是人们并
没有看到如此之近的天神。另外，雷声果真是天神发怒的吼声吗？刘邦
的皇后吕雉（zhì）极其残忍地迫害皇妃戚夫人，可是吕后为什么没有受
到天神雷劈的惩罚呢？非但如此，王充的家乡有 5 只羊被雷击死，难道
羊也犯下了不赦之罪吗？王充还亲自观察被雷击死的尸体，他发现，尸
体表面都有烧灼的痕迹；他认为，雷的本质是一种火。这种解释虽然并
不全面，但是王充从自然科学的角度来解释，比起"天神发怒"的说法
还是合理得多。

王充结束了太学的学习生活之后，在家乡做过短时间的小官。但是
他不满意官场的虚伪，也不愿意作官场上例行的应酬，就辞官回家了。
由于他的才识不凡，有人曾向汉章帝刘炟推荐王充，认为他的才能可以

同先秦孟子和汉朝司马迁相比。因此，刘炟决定宣召王充来京做官。可是王充并不为之所动，推说有病难以出任。其实他还另有原因。

当时，刘炟曾在洛阳白虎观召集很多儒生开会，鼓吹"君权神授"、"天人感应"等观点，大大扼制了知识分子的思想。王充对此很是不满，他决心写一部书来阐述自己的观点。为此，他谢绝了一切应酬，全力撰述这一著作。

科学内容丰富的巨著《论衡》

王充写《论衡》非常专注，他在家里的门前、窗前、炉灶上、柱子旁，甚至厕所都放上笔砚竹简，一有新想法就记下来。经过30年的酝酿和撰写，他终于写成了巨著——《论衡》。

这是一部学术著作，全书长达30卷、85篇，200多万字。在这部书中，王充批判了大量的迷信现象，除了对自然现象的迷信之外，他对当时流行的神学理论进行批判，对其中的"天人感应"学说的批判尤为严厉。王充从不盲从权威，事事都要分析一番，特别是对古代儒家学说的批判态度十分鲜明。他对孔子和孟子也不留情，分别写下了《问孔》、《刺孟》和《儒增》等篇。

在《论衡》中，王充系统地提出了"元气自然论"，为中国元气学说的发展奠定了基础。他认为："天地，含气之自然也。""天地合气，万物自生。"天地都是由"气"构成的，包括人在内的万物都是由"气"构成的。王充也注意到人在自然界中的位置，他说："人，物也。万物之中有智慧者也。""倮（luǒ）虫三百，人为之长，由此言之，人亦虫也。"人也是动物，是动物中最具智慧的。这种学说在古代是较为少见的。这样，王充就用元气观点解释了自然界中的各种变化，进而否定了"天人感应"的学说。

王充注重自然科学的研究，除上述之外，他系统地研究了天文理论。

关于宇宙的结构，他反对浑天学说，支持盖天学说，并且提出了"平天说"（也有称"方天说"）。尽管王充的天文理论也有问题，但是他认为，天体运动是不以人的意志为转移，否认天的神秘性，仍有一定的积极意义。

指南针是中国古代的四大发明之一。但是，在古代的记载中，较为确切的最早记述都是王充作出的。他指出，把一个"司南杓"放在地上，杓把就会指南。现在，中国历史博物馆和中国科技馆内展出的"司南"模型就是按王充的记述复制的。王充是否真的亲手做过司南，现在已难以知道。重要的是，王充提供的史料，使我们确切地知道司南是什么样子。

王充的《论衡》一问世，由于他的批判精神和科学精神受到御用文人的贬斥，几乎无人问津，但是王充的精神却在近现代科技的发展中得以发扬光大。

金声玉振说音律

伯牙与子期

在《吕氏春秋·本味》中有这样一个关于"知音"的故事：

> 伯牙鼓琴，钟子期听之。方鼓琴而志在太山，钟子期曰："善哉乎鼓琴！巍巍乎若太山。"少选之间，而志在流水。钟子期又曰："善哉乎鼓琴！汤汤乎若流水。"钟子期死，伯牙破琴绝弦，终身不复鼓琴，以为世无足为鼓琴者。

后来，明代作家冯梦龙在他的小说集《警世通言》中编成了一个短篇小说"俞伯牙摔琴谢知音"。

战国时期，有"天下妙手"之称的俞伯牙弹奏的《高山》和《流水》美妙绝伦。他寄情山水，再从这种大自然的情景中升华出一种开阔的胸襟和不舍的精神，同时还表现出钟子期在欣赏这广阔而丰富的精神世界时的感受力。

今天，俞伯牙与钟子期的故事已经过去 2000 多年了，可是这动人的故事和美妙的音乐早已超出了国界而闻名世界了。1977 年 8 月 20 日，美国发射了"旅行者"1 号和 2 号宇宙探测器，它们的任务是寻找"地外文明"。它们上面携带着瓷唱头、钻石唱针和喷金的铜唱片。这张唱片可以经过 10 亿年依然如新。唱片录有 120 分钟的节目，其中音乐占了 3/4，入选的 27 段音乐中就有中国古典音乐《流水》。国际上的音乐专家推荐这首乐曲时评价道："这首乐曲描写的是人的意识与宇宙的交融。""它足以代表中国。"这种评价是十分恰当的。

三分损益法和它的问题

在伯牙和子期生活的年代，中国人借助一种数学物理方法——"三分损益法"，已经建立了五声音阶体系，具体地讲，"三分损益法"产生的律制也称作"三分损益律"，同古希腊毕达哥拉斯（约公元前 580 年～前 510 年）的"五度相生律"相比要早 140 多年。这两种方法虽有区别，但是都可以产生七声音阶。

公元前 5 世纪，中国乐师已从数学上研究十二律。所谓十二律就是把一个八度分为十二个半音。它们的名称是（1）黄钟、（2）大吕、（3）太簇、（4）夹钟、（5）姑洗、（6）仲吕、（7）蕤（ruí）宾、（8）林钟、（9）夷则、（10）南吕、（11）无射（yì）和（12）应钟。其中单数者为阳律，合称六律；双数者为阴律，合称六吕；总称律吕。《吕氏春秋》中已详细论述了在利用三分损益法产生五律的基础上生出十二律的方法。这样，就产生了一个学科——律学，它集数学、物理学和音乐学而成为一个边缘学科。

早期十二律的主要问题有两个：一个是相邻的两律之间音程并不相等，因而有大半音和小半音之分，无法"周而复始"地旋宫转调；另一个是十二律相生至第十三律时，无法回到原来黄钟律的长度比数上，这就是说，无法回归本律。为寻找平均律，人们进行了两千年的艰苦探索。

京房的六十律和弦律

西汉末年，著名律学家京房（公元前 77 年～前 37 年）最先从理论上注意到十二律相生时无法回到原来黄钟律的长度比数上。他利用三分损益法从第十三律往下推算，直到六十律。这就是说，把一个八度细分为六十份。其实到五十三律时再三分损益得到下一律（称为京房"色育律"），就基本上回到黄钟律了。这样，在京房六十律中基本上可以实现"周而复始"的旋宫转调了。

过去，十二律的确定用 12 根竹管来作标准。长沙马王堆 1 号汉墓就出土了一套 12 根竹管，用于审定竽音的声律（称作"竽律"）。但是，在乐律学研究中，京房发现，用竹管来定律有缺点，因为竹管的内径不均匀，管口的误差使计算难于准确。为此，京房决定以弦代管，谓之"弦律"。京房制作了一套十三弦的"准"，用以标记六十律。由于京房创造十三弦律准，因此也称作"京房准"。京房的研究为后世律学研究有划时代的意义。

弦准也有一定的缺陷，原因是弦的力学特性易受温度、湿度等因素的影响，在实际应用中，还须借助律管定音。

荀勖和阮咸

晋初，一位大官荀勖（xù，生卒年不详）也对律学研究有重要贡献。据说，宫廷演奏乐曲，荀勖总要亲自为乐队调音。由于他的配音能力很强，人们都称他为"闇（àn，即暗）解"。可是，"山外有山"，"竹林七贤"之一阮咸的听音水平很高，人们称他为"神解"。每次荀勖调音之后，阮咸都认为有误。荀勖很不高兴，他过于自信了。后来就找一个茬儿，把阮咸调到了很远的地方去了。当人们得到一把出土的玉制周代律尺后，荀勖将此与自己的律尺作比较之后，才知道自己调好的乐器发出的音果然是差一点儿。这倒使荀勖对阮咸的听音能力十分佩服。

其实荀勖对律学研究很深，特别是摸索律管管口校正的规律有很大成就，他制出的律管很精确。泰始十年（274 年），荀勖制成一套十二支的笛律，它被称作"荀勖笛律"。经过今人研究，荀勖的计算数据与现代公式计算结果很符合。可见，1700 年以前，荀勖做出了世界首创的重要发现。

钱乐之和何承天

南北朝时期，随着西域音乐大量传入中国，推动了律学的研究，并取得了重要进展，梁武帝时（502 年～548 年）有"论乐者七十八家"的说法。在宋元嘉年间（424 年～453 年）出现了二位重要的律学家：太史钱乐之和何承天（370 年～447 年）。

钱乐之在"京房六十律"的基础上，继续用三分损益法生律，一直生到第三百六十律。最后一律与黄钟律音差极小，这一音差称作"钱乐之音差"。它比 1500 年后的法国拉莫（1683 年～1764 年）发现的"微小音差"还要小。钱乐之的三百六十律使一个八度细分的程度成为一项中国之最。

何承天是一位天文学家，曾编制一部《元嘉历》，他也是中国古代的乐律学家。他善于弹筝，宋文帝刘义隆赐给他一面白银装饰的筝。他不同意京房六十律，为此对原来的律制进行改革，创立了"新律"。

何承天推算十二律仍用三分损益法，此外他引入了一个附加值，依一定规律迭加上去，使十二律之间的音差近乎平均。1584 年，明代律学家朱载堉最终得到现代律制——十二平均律。但是，何承天的"新律"同十二平均律对应的各音差别极小，寻常听觉是难以分辨的。何承天的研究虽然仍是三分损益法的延续和改良，却在平均律理论的探索上迈出了重要的一步。

消除共振有妙法

从鲁遽到张华

共鸣现象很早就被中国人发现了。它可以放大声音，可加以利用，但是在弹奏乐器时它也带来麻烦。公元前 4 世纪～前 3 世纪，《庄子》一书中就记载西周初的鲁遽向他的子弟演示共鸣现象。在一间清静的房中调瑟，可以发现，弹瑟上的 do 弦，别的 do 弦也动了起来；弹瑟上的 mi 弦，别的 mi 弦也动了起来。中国人发现这种现象比西方要早得多。

除了弦共鸣现象之外，还有板共鸣现象。相传，在河南洛阳的一座宫殿前，一口大钟不撞自鸣，人们都非常惊异。当时的一位大臣曾解释，这是由于四川的一座铜山崩塌，所以使这口钟自己鸣振起来。人们对此说法将信将疑。过一段时间，果然有四川官员报告：铜山崩塌。人们听到报告，都佩服他的先见之明。

这位大臣是谁呢？他就是多才多艺的张华（232 年～300 年）。张华，字茂先，范阳方城（今河北固安县南）人。史书上说："华少孤贫，自牧羊。"但是他并不自卑，而是刻苦地学习，因此，"学业优博，词藻温丽朗胆，通图纬方伎（jì，技巧）之书，莫不详览。"可见，张华仔细研究的书中不少是有关科学技术的。据说，晋武帝司马炎常向他请教汉朝宫室制度的问题，张华总是"应对如流"。可见张华读书之多。张华的藏书很多，他搬家时，书籍就装了 30 车。史书对此颇为称道，"雅爱书籍，身死之日，家无余财，唯有文史溢于几箧（qiè，筐子）。"

张华是西晋时一位有名的文学家，有诗文传世。从科技史角度来看，他的《博物志》是一本较有价值的书籍。书中分类记载了许多奇闻趣事。

张华做什么事情都爱动脑筋，也善于动脑筋。像上面所说的四川铜山崩塌的预言，的确是够惊人的，类似的事情非只一件。

有一次，张华的一个朋友来找他，说家里洗澡用的大铜澡盆，早晚总是嗡嗡作响，好像有人敲打它似的。是闹鬼吗？若不是，那又是怎么回事呢？张华略加思索，对他解释道："澡盆作响并非有什么鬼怪作祟，这是由于宫中大钟鸣响声与澡盆相谐；当早晚撞钟时，澡盆也就有声相应。"张华还向他建议，要去掉澡盆的嗡嗡声也不难，你用锉把铜盆锉掉一点儿，使它变轻一些就可以了。他的朋友回去后照着张华说的去做，果然澡盆不再嗡嗡作响了。

曹绍夔锉磬

张华的方法简直是奇妙至极。类似的做法在唐朝也发生过。唐朝开元年间（713 年～741 年），朝廷管理音乐事务的"太乐令"曹绍夔（kuí，7 世纪～8 世纪时人）闲暇无事，就去庙里看一个朋友。僧人告诉他，庙里有一张磬（qìng，石质乐器），经常自鸣，怪吓人的，常常令人不知所措。僧人已经请过许多通阴阳、有道行的术士禳（ráng，消灾）除，但是都不见效。曹绍夔笑朋友有些"杯弓蛇影"了。不过还是答应朋友，为他消除鬼祟。但是要求朋友，于次日备一桌酒席，"待我送走妖怪，我们再一同享用美味佳肴。"

第二天，曹绍夔来了。他两手空空，并没有降妖的法器。只见曹绍夔从怀中掏出一把小锉，在磬上锉了好几个地方。曹说道："此后，磬就不再无故叫唤了。"僧人问他怎么回事。曹绍夔答道，这张磬与钟的音律相谐，当击钟则磬以同声相应。僧人听后很高兴，心病也就去了多半。后来，磬果然不再自鸣了。

最早的游标卡尺

秦朝虽短，但是秦始皇统一了度量衡、统一了文字，只此一件就可称"功在千秋"了。汉承秦制，基本上是沿用了前朝的量值。

西汉末年，刘歆（xīn）撰写《汉书·律历志》，对度量衡的发展颇有研究。这也是中国第一篇有关度量衡制度的完整论述。度量进率采用了十进制，使用起来非常方便。

秦始皇统一度量衡，标准量器采用的商鞅铜方升，它的误差很小，今人验测值小于1‰。西汉末，汉祚（zuò）衰微，王莽篡政，自立为王，国号"新"，故史称"新莽"。王莽为了巩固新的统治，他对货币、爵位的等级、土地、奴隶等制度进行了改革，但是都失败了。王莽也考虑到度量衡制度的改革，并取得了成功。

今天，故宫博物院收藏新莽时的标准量器——铜制"嘉量"，它与商鞅铜方升的形状不同。铜方升是长方体，而新莽铜嘉量是圆柱形的，并且它的尺寸也很精确。根据今人测算，它采用的圆周率π＝3.1547，这比以前"径一周三"的说法要精确多了。

在新莽王朝开始的始建国元年（公元9年），制作了一种新的量具——铜制卡尺。它上面除了刻度还有篆字"始建国元年正月癸酉朔日制"，也就是正月初一日制作。以这种方式庆贺新朝的建立，可谓独出心裁。

这种铜卡尺在中国历史博物馆内有收藏。它的结构很简单，分固定尺和活动尺两部分。活动尺正面刻度5寸（1米＝30寸），固定尺正面刻度也是 5 寸；除右端 1 寸外，左边 4 寸，每寸又分划出 10 分刻度。上部有鱼形柄，并且中间开出一导槽。当活动卡爪和固定卡爪相并拢时，诸尺度一一对应，误差很小。使用时，左手握鱼柄使之固定，右手拉拽圆形拉手，前后滑行，以定尺寸。

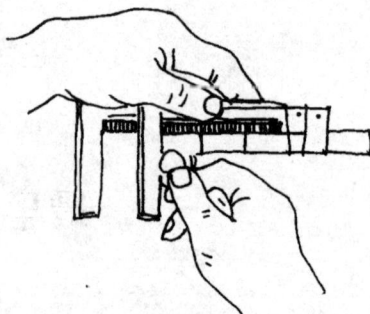

新莽铜卡尺

这种铜卡尺可以用来测器物厚度，这比直尺测量要准确；也可测圆柱体的截面直径和凹槽的深度，这更显得它的优点远好于直尺。

新莽铜卡尺的测量原理不同于现代的游标卡尺，它的结构很像游标卡尺，但精度相差很大。它是一个了不起的创造。值得一提的，这是世界第一把铜卡尺，离现在已近 2000 年了。

万祀千龄，令人景仰

世界史上罕见人物

1956年，河南南阳的张衡墓和平子读书台修整一新，当时的中国科学院院长郭沫若为之题词："如此全面发展之人物，在世界史中亦所罕见。""万祀（si）千龄，令人景仰。"

的确，东汉著名科学家和文学家张衡是一位多才多艺的人物，他的成就涉及天文学、地震学、机械技术、数学、地理学，乃至文学、艺术、历史等领域。

张衡字平子，生于建初三年（78年），卒于永和四年（139年）。他的家乡在南阳郡西鄂县石桥镇（今河南南阳县城北50里）。这是一座历史悠久的古城，东汉时是著名的经济文化中心，与当时的洛阳和长安鼎足而立，号称"南都"。

张衡的家族是一个名门望族。他的祖父张堪十分有名，少年就有"圣童"的美称；并且品德高尚，曾将遗产数百万赠与他的侄子。张堪追随刘秀起兵，为建立东汉王朝建立了功勋。后又参加讨伐地方割据势力，抗击匈奴侵犯，颇具军事才能，后病死任上。

张堪为官清廉方正和为民造福的品格对张衡产生了很大的影响。

对张衡产生积极影响的另一位著名官吏是杜诗。杜诗（字君公，河

张衡游学

南汲县人，？～38年），爱民如子，当地百姓都称他"杜母"。为了使由于战乱对生产力的破坏尽早得以恢复，杜诗决定大量制作农具。他了解到冶锻农具的技术比较落后，就召集工匠，设计出新式的鼓风设备——水排，不断地发明、造福桑梓。据说，少年张衡对杜诗发明的水排十分感兴趣。杜诗的事迹一直激励着张衡在科学技术上不断地进取。

张堪去世后，家道中落，张衡的父亲也去世得很早，家道败落。当南阳发生灾荒时，张堪的朋友朱晖还救济张衡家一些米粮和财物。

尽管如此，张衡的志向很高，16岁时便离家游学。他先到当时的文化中心三辅地区（今陕西西安一带）。这里山川秀丽，物产丰饶，城市繁荣，文化发达，为张衡的文学创作提供了大量的素材和丰富的联想，张衡立志要成为像司马相如和扬雄那样的文学家。

离开三辅地区，张衡来到了京都洛阳。这是东汉的政治和文化中心，最高学府——太学就在这里。太学的著名大师贾逵精通儒家经典，对天文、历法和数学的研究有很深造诣。张衡对他十分崇拜。可是按规定，进入太学需经郡县逐级推荐。这样，张衡是不能进入太学学习的。但是他并不气馁，在洛阳，他到处求师，并且坚持自学。

由于张衡刻苦学习，他不仅博学多才，而且达到"通五经、贯六艺"的程度。这"五经"就是《诗》、《书》、《礼》、《易》、《春秋》，"六艺"是礼（政治制度）、乐（音乐歌舞）、射（弓箭战术）、御（驾驶车马）、书（文字）、数（数学）。通常在太学毕业的学生也不过是弄懂一经一艺罢了。

由于张衡的学问和品德都很优秀，当时的南阳太守推荐他做官。这本是一件值得荣耀的事，可是张衡却不以为然，依旧在学海中遨游着。

游学几年之后，张衡回到了家乡，当时从京城来南阳做太守的鲍德，他十分欣赏张衡的才华，就征召张衡做了他的"主簿"。这是一个为鲍德掌管文书的小官。这时张衡已22岁。

鲍德的品行很好，张衡与他相处得不错，张衡曾作《同声歌》来抒发自己对鲍德的敬仰之情，并决心帮助太守干一番造福百姓的事业。

游学期间，张衡感触极多，并且开始酝酿一篇大作，以抒发自己的情感。经过10年时间的反复构思和修改，最终完成了《二京赋》。这篇名赋在汉朝文学史上占有重要地位，张衡也因此成为一位大辞赋家。

鲍德做了8年太守后，由于政绩卓著，升任大司农（管理农业的一位朝廷官吏）。鲍德本想把张衡一同带去，但是张衡尚无意官场之间的应酬，就留在了家乡。后来，朝廷内邓太后（东汉开国元帅邓禹的孙女）辅政，她的哥哥邓骘（zhì）也很赏识张衡的才能，曾多次征召他入京做官，都被张衡谢绝了。

张衡拒绝为官，是想趁着年富力强，把学问作得更深些和更好些。他非常佩服扬雄（字子云，公元前53年～前18年），特别佩服他的《太玄经》。他本是王莽的朋友，后王莽称帝，扬雄却清贫自守，不趋炎附势。他的《太玄经》内容丰富，博大精深，涉及宇宙、天文、历法、数学方面的知识。张衡对此书反复诵读，深入研究。特别是扬雄反对盖天说，主张浑天说的观点，对张衡的天文学思想发展产生了积极的影响。

张衡研究《太玄经》不仅学问日进，而且名声日隆，甚至汉安帝刘祜也注意到这个人才。永初五年（111年），刘祜征召张衡，张衡无法婉绝，就到洛阳做了一个小官——郎中。

张衡做官后，仍不懈地研究《太玄经》。他在洛阳求学时结识了一位精通数学和天文历法的好友崔瑗。崔瑗也精通《太玄经》，二人时常通信，讨论读书心得，并一起为《太玄经》作注释。同时，张衡还作了《太玄图》，以帮助理解。遗憾的是，他们的注和图都已失传。

除了研究《太玄经》，张衡还学习和研究了墨子的《墨经》。《墨经》中有许多关于数学和物理学的概念和见解，是一部很有名的先秦科学名著。但是，后来人们对它并不重视，以至于对《墨经》知道得很少。

天文学成就

如此饱学，张衡应该提出自己的学说了。在天文学研究上，他写了《灵宪》，系统地阐发了中国古代的宇宙理论。

张衡认为，宇宙经过一系列的演化过程才形成现在的状态。张衡说明月亮本身不发光，但它反射太阳光，这种见解至今还是正确的。他还解释了月食的成因，是因为地球的遮掩挡住了日光。在谈到星官（一些恒星组）体系时，他说，常明星 124 颗，可明星 320 颗，两者加起来是 444 星官，在中原地区可见 2500 颗星。这当然是对前人观测的总结，比起后来三国的陈卓（约 230 年～320 年）星官体系（283 官、1464 颗星）还要多。

除了研究和宣传浑天说之外，张衡也很重视天文演示。元初四年（117 年）他制作了演示天象的著名的水运浑象，这是一种演示天象的天球仪。它具有南北极、黄道圈、赤道圈、恒星圈、恒隐圈、二十八宿中外星官的位置、地平圈、子午圈等，差不多包含了当时全部天文知识。

由于浑象要运转，为了使它匀速（一昼夜运转一圈），张衡想到用水流提供动力。而最简便的办法是，用漏壶滴出的水流来推动浑象运转。这正是现代机械天文钟的始祖。

张衡的水运浑象

张衡另制作了一架"瑞轮蓂荚"（míng jiā）以配合水运浑象的运转。所谓"蓂荚"是一种传说的植物，上半月，每天长出一片叶；下半月，每天落下一片叶。张衡的装置是上半月，每天升起一片，15天呈环形；下半月，每天落下一片，15天就落尽。经过调整，小月只落14片。可见，"瑞轮蓂荚"实际上是一个自动日历。

遗憾的是，张衡的水运浑象和"瑞轮蓂荚"已经失传。

元初元年（114年），张衡升为尚书郎，次年又升为太史令，后调任他职，5年后又复任太史令。张衡在"灵台"（天文观测机构）工作了14年，对中国天文学做出了重要贡献。

张衡从事科学研究工作，对于当时的"谶（chèn，预言、预兆）纬"之学十分反感。所谓"谶纬"包括天官星历、灾异感应、谶纬符命、天文地理、风土人情、自然知识、文字训诂（gǔ，解释），甚至还有驱鬼镇邪、神仙方术、神话幻想，内容杂芜，无奇不有。当时的皇帝十分迷信谶纬，许多事情都由谶纬来决定。因此，一些人利用谶纬来达到升官发财的目的。也有人反对谶纬，但是都遭贬官。尽管如此，张衡还是上书反对谶纬之学，这的确要具有极大的勇气啊！

张衡在天文学上研究取得了很高的成就，在国际上也具有很高的声誉。50 年代，当前苏联的"月球 1 号"探测器拍下月球背面照片后，有 5 座坏形山以中国古代科学家的名字命名，其中就有张衡（另 4 位是石申、祖冲之、郭守敬和"万户"）。1977 年，第 1802 号小行星也命名为"张衡"。

张衡大名高悬宇宙，真正是"令人景仰"了。

"合契若神"的地动仪

先秦时期，鲁国的鲁班和墨子曾各施巧机，相互比试，一时传为美谈。东汉时期，他们的才智又在张衡身上显现出来了。

指南车、记里鼓车和飞行试验

建光元年（121年），张衡由太史令转为公车司马令。这是一个小官，职责是保卫皇宫，接待各地调京人员等，任务多而杂。这个职务并不利于发挥张衡的特长，但是他并不灰心。这时，他逐渐对机械制造技术发生了兴趣，特别是汉安帝刘祜要他制造指南车和记里鼓车。

传说，黄帝同蚩（chī）尤大战，遇上大雾，黄帝发明了指南车以指示方向。又传说，周公辅政时，南方部落派使臣向朝廷进贡；当使者南归时，周公送给他们指南车，以防迷路。传说归传说，要真干起来，并不容易。经过反复设计、修改、制作、试验，张衡终于成功了。这两种车都是皇帝的仪仗车队的排头兵。

据说，当东汉安帝刘祜去泰山举行"封禅"大礼时，一路上，指南车上的小木人手指总指向南方，非常有趣。记里鼓车则一里一敲鼓，十里一击镯（zhuó），很是热闹。这样，行进的方向是明确的，行进的里程是清楚的。

说起来这两种车的原理并不简单，它们是利用齿轮系的巧妙组合来

汉安帝的"封禅"队伍

保持方向或记示里程，其中指南车的结构和原理还要稍微复杂些。西方学者对这两种车的结构都曾进行过研究和复制，认为这是现代机械的先驱。

先秦时期，鲁班和墨子都制作过木鸟和木鸢（yuān）；王莽时期，有人曾做过飞行试验。张衡也做了这个试验。

张衡设计、制作的木雕飞鸟，它可以自动地飞起来。后人猜测，它的形状像带翅的大鸟，下面附有足轮，可能是靠风的作用，推动轮子快速旋转，进而带动木鸟飞起来。张衡的木鸟可以飞几里远。

对于张衡的这些研制成果，东晋人葛洪曾把张衡和马钧并举，称为"木圣"。在机械研究方面，张衡还将它同地震研究结合起来。

候风地动仪

东汉时期地震较为频繁。据史书记载，从永元四年（92 年）到延光四年（125 年）的 33 年间，发生较大的地震达 26 次，特别是元初六年（119 年）的两次大地震，造成了极大的损失。有些人还借此机会宣扬迷信，认为是神灵对人间的惩罚。

张衡亲身经历过地震的破坏作用，他想，如果能设计出一种装置，用于测量地震震中的方位，对于研究地震分布规律，该是多么好啊！

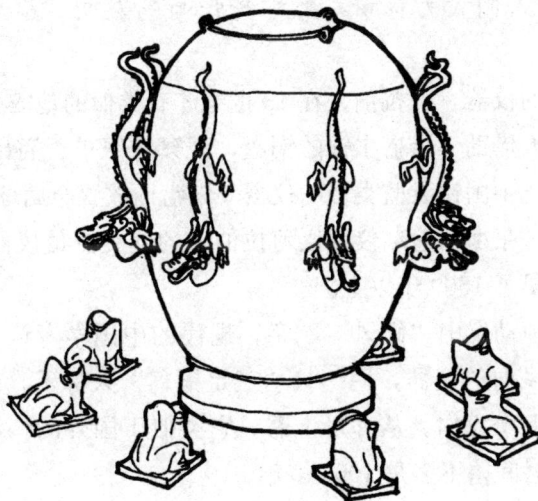

地动仪

阳嘉元年（132 年），张衡终于完成了一项伟大的发明——创制候风地动仪。史书上详细记载了它的外形：它用青铜制造，看上去像一个大酒樽（zūn），仪器顶端有一个凸起的盖子。外表刻着篆文，并且用山龟、鸟兽的图纹装饰，等间隔地附有朝着 8 个方向的 8 条龙。每个龙嘴内都衔着一个铜丸。龙头下方的地面上各有一只蟾蜍（chán chú）昂首张口，准备承接掉落下来的铜球。它的内部结构是：中心处矗立一根上略粗下略细的细棒（张衡称作"都柱"），周围构架了 8 个通道，每个通道各设一个曲杠杆并通向一个龙头。当地震波传来时，由于惯性作用，都柱倒向地震源的方向。都柱触动这个方向的杠杆机构时，龙嘴自动张开，铜球跌入蟾蜍嘴内。这时，"啮"的一声，便告知人们地震的方向。人们便可以顺寻这个方向去组织救援工作。

候风地动仪制成的第二年（133 年），京都发生了地震；阳嘉四年（135 年）、永和二年（137 年）、永和三年，京都又连续发生三次地震，张衡的候风地动仪都测到了。特别是永和三年的地震，洛阳的人们都无感觉，但是地动仪却显示西北方向发生了地震。难道真的发生了地震吗？正当人们难决狐疑之时，信使报来了消息，陇西地区（今甘肃东南部）发生了地震。人们大为惊讶，都称赞张衡的发明"验之以事，合契若神。"

测量地震的仪器，阿拉伯人在 13 世纪才有类似的地震仪器。17 世纪下半叶，西方人借助一个盛水银的铜盘，观察水银是否溢出来感知地震，不过这种仪器比中国钦天监类似的仪器（铜盘内放置金属球）要晚些。

由此可见，张衡的地动仪器比阿拉伯人的地震测量仪器早了 1000 多年，比西方人早了 1500 年以上。

关于候风地动仪中"候风"二字，现代的中国学者认为，这可能是一种气象上测风向的仪器，用一只"三足铜鸟"来标示，刮什么风，铜鸟的头就朝向那个方向。从外形上看，它类似于国外的一种"风信鸡"，但二者相差的时间差不多是 1000 多年。

张衡在地理学上也有一定的贡献，据说，他曾经作"地形图"，唐以后才失传。

张衡有众多的发明，品德也很高尚。他曾说过："君子不患位之不尊，而患德之不崇；不耻禄之不伙，而耻知之不博。"有如此追求的官吏，从古至今，恐怕也是不多的吧！

绝代巧匠马钧

发明指南车

在中国历史博物馆，陈列有这样一架车，上面的木人总是指向南方，这辆车叫指南车。相传指南车是黄帝或周公所发明的。到了三国时期，在魏都许昌，有一天在朝廷上，一些人议论起指南车来。太监高堂隆和将军秦朗认为，历史上根本就没有过指南车，古书上的记载并不可信。马钧则不这样认为。他认为，古代很可能有过指南车，只是未流传下来，加上我们对它并未研究过，所以对它感到陌生罢了。高、秦二人听了马钧的话，就讽刺马钧道：河衡（马钧的字）先生的"钧"就是器物的模型，"衡"就是称东西的轻重，可马钧说的话却不分轻重，不知天高地厚，这又怎么作模型和量轻重呢？马钧并不气恼，而是对他们说，我们凭空争论没有什么意义，不如在实际中试着做做，看看结果如何！魏明帝曹叡（ruì，曹操的孙子）对此很有兴趣，也想看个究竟，就让马钧去做指南车。

马钧是个有名的巧匠，可是指南车是一种很难制造的机械。马钧不得不仔细地研究一番。他边设计、边制作、边改进，经过反复试验，指南车终于造出来了。他把指南车推到大殿之前，不断地推来推去，那木人手指却始终指南而不变。高堂隆和秦朗二人没话说了，魏明帝则对马钓称赞了几句。

马钩是扶风（今陕西西平）人，家里比较穷，生活贫苦。不过，小马钩是个聪明的孩子，看到什么东西总爱问这问那，看个究竟。由于他爱动脑子，脑子越用越聪明。虽然不爱说话，但是他那股聪明劲还是很引人注意的。

长大以后，马钩做了官。他的官不大，但是他仍像小时候一样，很喜欢摆弄一些机械装置，指南车的设计和制作就是他的再发明。其实，高、秦二人的话并没有什么错，尽管他们嘲笑人的态度是不可取的。现代有部分学者对张衡制作

马钩像

指南车也持怀疑态度。如果这是真的，马钩就很可能是指南车的第一发明人了。

设计水转百戏

在现代社会中，自动化的设施很多、很普遍。例如，全自动洗衣机把进水、洗涤、放水、漂洗、甩干等工序自动地完成。在古代也有类似的记载，其中就有马钩制作机器人。

有一次，有人向魏明帝献上一套叫做"百戏"的木偶玩具。这是由许多小木人组成的玩具，这些小木人表现出社会上各种人物众生相，制作很精致，造型也很精美，但这种玩具只能看，木人自己不能动。魏明帝感到不满足，为了显示朝廷人才济济，他就宣召马钩来见驾，问马钩有没有办法让木人动起来。马钩看过"百戏"之后，认为木人动起来并不难。魏明帝就委派马钩来完成这个任务。

马钩先作了一个木制大轮盘，把木偶安装在上面。木制大轮盘下面安上木轮，可以用水流提供动力，使轮盘转动起来。同时，轮盘带着众

多小木人就舞动起来。它们有的跳绳，有的舞枪弄棒，有的击鼓吹箫，有的舂（chōng）米磨面，有的提笔写字，千姿百态，煞是逗人。这样的"百戏"称作"水转百戏"。

龙骨水车和绫机

马钧的制作并不是全在这些玩物之上，他也很关心农业生产，特别注重水利机械的发明和改进。

《后汉书》上有关于水车的记载。据说有一个名叫毕岚的太监，看到人们从河里提水洒扫道路，觉得应提高效率，发明一种机械提水才好。后来，《三国志》中也讲到马钧发明水车的事。是谁先发明水车呢？虽然难以分辨清楚，但是马钧却是第一个造出浇地的水车。

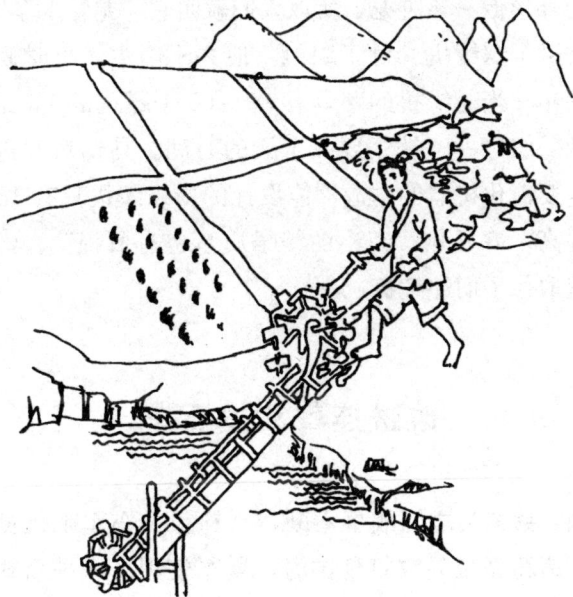

龙骨水车

事情原来是这样的。在许昌郊外，马钧曾看到许多土地被闲置不种，感到很奇怪。一问老百姓，他们说，这里原来种植蔬菜，由于地势太高，不好浇水，才闲置起来。

马钧觉得，这么多土地闲置太可惜了。回到家里，他开始考虑水车的问题。设计好之后，马钧经过反复的试验和改进，终于制造成功脚踏式人力水车。

这种水车上有一木槽，一头装着一个较大的带齿轮和踏板的轴，另一头装着一个较小的齿轮轴，连接两轴是在二者之间装上木片链条。小轮轴的一头放在水中，脚踩动踏板，就可使木片在槽里转动，带动水向上。如果动作是连续的，水就不断地从低处带向高处，并且形成连续的水流。

马钧的设计合理，工艺精巧，摩擦小，这样的水车连小孩都踩得动。利用水车提水，比过去用桔槔（jié gāo）和辘轳汲水的功率提高了百倍以上。由于它的外形像一条卧龙，所以人们就叫它"龙骨水车"。

马钧还改进了织绫机。对于织机，他并不陌生。小时候就常看到母亲操作织机织布。当时织机的踏具有 50～60 个蹑（niè），结构复杂，且笨重，效率低，织好一匹绫子要几十天的时间。马钧对改进织绫机发生了兴趣，决定要简化机器的构造。他设计的新织绫机只有 12 个蹑，这样使劳动效率提高了好几倍，织出的绫子质量也有所提高。经过推广，新织绫机很快就取代了旧织绫机。

改进连弩和发石车

三国时期，魏蜀吴之间战事不断，马钧很关心军事机械的研制。当他听说，蜀相诸葛亮带兵攻打魏国时，蜀军使用了一种新式连弩，可以接连发射几十支箭，对魏军产生了极大的威慑力。马钧便设计出一种新式弩，它的威力比蜀军使用的弩还要大 5 倍。不过，这并未引起注意，他设计的弩机就被束之高阁了。

　　当时，军队使用一种发石车，用于攻城。这种发石车只能单发，不能连发。这就限制了它的威力。马钧对它进行了改进，设计的新式发石车是利用一个能够转动的大木轮，四周挂上石头，然后用机械带动木轮旋转，等到转速加快，按一定顺序砍断连接石头的绳索，可连续发出几十块石头。马钧曾进行试验，抛出的瓦片可达几百步远，威力很大。遗憾的是，它在魏军中未派上用场。

　　马钧的发明屡遭冷遇，是由于一些人对他的才能忌妒。马钧的朋友傅玄（一位文学家）为他打抱不平，把他推荐给武安侯曹爽，以试制新式武器，但马钧的研制也未受重视。

　　如果魏明帝对科学技术的重视也像他对"百戏"那样，马钧的命运可能会好些。

曹冲称象

东汉末年，地方割据势力很强盛，各霸一方。这些势力最强的是西南的刘备和东南的孙权，以及雄踞中原的曹操。曹操"挟（xié）天子以令诸侯"，地位最为显贵。当时，孙权为了讨好曹操，以缓和与中央的关系，送来一只大象。对于北方人来说，它太稀罕了，这的确是一件极好的礼物。

曹操接见使臣之后，问道，这只大象的体重是多少呢？使臣茫然以对，曹丞相的问题太怪了，这头巨象怎么称呢？曹操又转问他的部下，大家都动动脑筋，想想看，这大象怎样称呢？于是，大家你一言、我一语地议论开了。多数人认为，可以将大象切成块，分而称之，求其和便知大象体重了。许褚（chǔ）和徐晃等一班武将都"磨刀霍霍"准备动手了，曹操以为此法不妥。

回到府中，曹操仍在思索称量大象的办法。曹操觉得，何不用此题来实际考察考察孩子们的学习成绩呢?! 于是，他把他们都召集了过来，问他们称量大象的办法。

曹操有 20 多个儿子，他们的喜好各不相同。比较有名的曹丕和曹植文才极好，特别是曹植有"才高八斗"之说。两兄弟与其父曹操并称"三曹"。别的儿子多好舞枪弄棒和读些兵书战策，以效命朝廷，驰骋疆场。曹操一说此题，大家都动开了脑筋。

众多儿子的想法同常人的想法相似，也是切块分称。独有小曹冲（196 年～208 年）才思不凡。他虽只有五六岁，但是思考这个问题却

曹冲称象

独辟蹊径。他对父亲说道："可以先把大象牵到一艘大船之上，看看船沉下去多少，作一个记号；把大象牵离船后，再将一些石块放在船上，当船沉到那个记号的位置时，就说明石块的重量与大象的重量一样了。只要称石块就可以了。"

听了小曹冲的话，曹操大喜。他高兴地把这个办法告诉他的同僚和部下，并且命人照曹冲的办法去做。称完重量后，曹操把称量结果告诉了使臣。使臣与曹操的同僚和部下一样非常惊讶，"丞相之子，真神童也！"曹操还命使臣将称量结果告诉孙权，暗示孙权，不要小看朝廷，特别是不要小看了曹家昆仲。

曹冲，字仓舒。史书上说他为人"仁爱达识"，加上他天资聪颖，曹操经常对大臣们称赞曹冲，曾想把王位（魏王）传给他。遗憾的是，曹冲活的岁数不大，12岁时得了一场重病。虽然曹操亲自过问，经医生调治也难以救治，这位神童过早地去世了。据说，此时的曹操悲痛之余显得很后悔，悔不该错斩华佗。

其实在曹冲称象500年前，燕昭王（公元前311年～前279年在位）已经用这个办法称特重而不可分解的东西了。当时燕国北方人给燕昭王送来一头大猪，也想知道它的重量。他的大臣用大秤来称这头猪，由于猪太重了，连着折断了几杆大秤。怎么办呢？燕昭王就命"水官"用浮舟测下船的吃水深度，最后称出了大猪的重量。曹冲有可能听老师讲过这个故事，他就用类似的办法来称象。

历法体系的形成

秦始皇统一中国后，颁行了统一的历法——《颛顼（zhuán xú）历》。它涉及置闰规则、日月五星的运行情况等。秦灭亡后，汉初依然采用这部历法，差不多使用了100多年。对于这部历法，后人知道得很少，因此，对它的研究也较少。

到汉武帝时期，《颛顼历》自身的误差太大了，特别是日食和月食的预报不准确。司马迁等人提出了改历的主张，汉武帝刘彻批准了他们的要求。

改历开始后，司马迁等人便着手制定新的天文仪器进行观测，以取得编制新历所需的数据。太初元年（公元前104年），汉武帝通告全国，以招募民间天文学家参加改历工作。

榜文张贴后，有20多位天文历算家来到长安，像邓平、落下闳（hóng）、壶遂、公孙卿、唐都等人都来参与了这项工作。落下闳依据浑天学说制造了第一台浑仪进行观测，据说它是由几个同心圆环构成，直径8尺（1米＝3尺）。通过窥管来进行观测。

在编制历书的过程中，邓平、落下闳和唐都等人同司马迁、壶遂和公孙卿等人展开了激烈的争论。他们编制出18种历法。选用哪一部历法呢？汉武帝采用了公允的做法：朝廷组织一次为期3年的观测，把各家历法和古代流行的历法进行比较，结果邓平和落下闳编制的历法被选为新的历法，并命名为《太初历》。据说，司马迁为此耿耿于怀，他在撰写《史记》时就不介绍这部新历法。

比起《颛顼历》来看，《太初历》有许多优点。它最先计算了日食和月食的周期，交食周期为 135 个朔望月有 23 次交食。关于五星会合周期的测定也很准确，火星的最大，只有 0.59 日。《太初历》第一次把 24 节气引入，并与置闰规则结合起来。24 节气分为中气和节气各 12 个，中气就是冬至、大寒、雨水、春分、谷雨、小满、夏至、大暑、处暑、秋分、霜降和小雪，其他就是节气。在一个月中没有遇到中气时，它的后面就加一个闰月。这个规则比起在年底设置闰月要科学得多。这样，《太初历》就完成了中国历法的第一次改革，形成了中国的历法体系。

《太初历》的缺陷也是明显的。它的两个最基本数据都有问题：一个是朔望月（相同月相重复出现的时间）为 $29\frac{43}{81}$ 日；另一个是回归年，依朔望月位，一回归年为 $365\frac{385}{1539}$ 日。这两个值比起古四分历，误差反而大了。为什么会出现这样的错误呢？

问题出在邓平的身上。人们在定乐音时，采用了一套规则。其中"黄钟"是音律之首（相当 C 调的 1），它的音用竹管吹出时，规定竹管长度为 81 寸。依一定次序排出别的音的管长。这个长度值与天文学并不相干，但是邓平为了突出天文数据的神圣性引入了这个数据。这样做的代价是牺牲了天文数据的客观性和科学性。对于这样的数据，落下闳进行了计算。他认为，800 年后要差一天。

西汉末，《太初历》用了近 100 年，刘歆对《太初历》进行改进，并提出了《三统历》。《三统历》的神秘色彩更浓了。后来，刘歆在新莽王朝的政治斗争中被杀，《三统历》并未颁行。刘歆的编历工作虽有不少问题，但是他发现《太初历》的朔望月和回归年数据太大了，提出了比四分历更好的数据。遗憾的是，他未将这两个数值引入《三统历》。刘歆还对岁星（就是木星）周期计算进行了改进。

东汉政权建立后，一些天文学家为修正回归年和朔望月数据，采用了古四分历的数据。到元和二年（86 年），朝廷颁布了《四分历》。为区别古代四分历，新四分历被称作"东汉四分历"。这是刘歆和李梵编制的。

新的历法将冬至点的位置变化考虑进去，这导致后来虞喜（281年～356年）关于"岁差"的发现。李梵等人根据历代观测的记录和5年的亲自实测结果，发现月亮的运行速度并不均匀。这是一个重大的发现。

由于刘歆和李梵在天文学上的重大贡献，20世纪70年代初，对于火星上190座环形山进行命名时，分别选择了历史上对行星运动研究有突出贡献的科学家，其中就有刘歆和李梵。这是仅有的两名中国天文学家名字上了火星。

东汉末年，发生了多次农民大起义，大大动摇了东汉朝廷的统治。这时，有些别有用心的人把这种动荡局势的原因归结到《四分历》身上。不过，《四分历》的确是有些问题：李梵发现月行速度不均匀的内容并未引入《四分历》；它关于月食预报屡屡出错。这样，有些人就开始对《四分历》进行改进。

刘洪（129年～210年）是刘秀侄子鲁王刘兴的后代，少年时期受到过良好的教育，青年时期便开始对天文历算进行研究。这样，他被派到太史局工作。开始他同蔡邕一起对太阳进行观测，得到了5种天文数据。这些数据被《四分历》所采用。后来，他担任很多职务，但是仍未放松对天文学的研究。他先后写出《七曜（yào，日月五星谓之七曜）术》和《八元术》。虽然今人已不知它们的内容，估计它们是关于日月五星运动规律的研究。

50岁时，刘洪的天文历算研究已很有造诣。他同蔡邕一起在东观完成了关于东汉《律历志》的编纂工作。同时，刘洪还提出了改历的建议；这一建议因未受到重视而未果。刘洪决定自己干。

光和七年（184年），刘洪到浙江会稽（今绍兴）任东部都尉。这时（约187年～188年间），他着手编纂《乾象历》。刘洪把月行速度变化情况引入新历法，对于月亮运动的描述是很可靠的，为此当即被收入《四分历》，以取代旧法。189年，汉灵帝又把他召回洛阳。但是当他在路上时，汉灵帝驾崩，董卓等人作乱，改历成为泡影。

刘洪又对《乾象历》进行了研究、检验和修改，同时他努力教授学生，为普及新的历法作准备。

《乾象历》中最重要的成就是关于"定朔"的创立。在此之前，人们定每月日数为 29.5 天，这就有了大月 30 天，小月 29 天，大小月相间，由此定下每月初一日，这就是"平朔"之法。刘洪的作法是：先按平朔法定下每年的朔望月，再推算某平朔在一个近点月周期中的位置（或此平朔离月过近地点时刻的时间间隔），而后按近点月周期表计算平朔时刻月亮平均运动对真实运动的校正，最后再把这个值加到平朔值上，从而得到合朔时刻。这就是定朔方法。

刘洪的这套方法，后来在北齐张子信（约 520 年～560 年）发现太阳视运动的不均匀之后对刘洪的方法进行了修改。后来唐代的傅仁均把这套方法首次引入《戊寅元历》，完成了中国历法上的第三次大改革。

东汉王朝灭亡之后，东吴孙权称帝后的第二年（223 年）颁行了刘洪的《乾象历》，蜀汉的刘备出于政治上的考虑依旧使用《四分历》，而魏国则采用了《景初历》。

东吴采用刘洪的历法，对他来说算是告慰于九泉了。刘洪在历法研究上取得的成就，在中国天文学史上写下了光辉的篇章。

'璇玑玉衡'之谜

在《尚书·舜典》上有这样一句话："在璇玑（xuán jí）玉衡，以齐七政。"这区区9个字，却引起后来2000年的论争。这两派中，一派主星象说，一派主浑仪说。

主星象说的代表人物是汉代的司马迁，他在《史记·天官书》中指出："北斗七星，所谓'璇玑玉衡以齐七政'。"北斗七星中，第一叫天枢，第二叫天璇，第三叫天玑，第四叫天权，第五叫玉衡，第六叫开阳，第七叫摇光。其中一至四称为魁，五至七称为杓，合称为斗。依斗杓的指向可以确定季节，《鹖（hé）冠子》中讲道："斗柄东指，天下皆春；斗柄南指，天下皆夏；斗柄西指，天下皆秋；斗柄北指，天下皆冬。"因此，《舜典》中的这9个字的意思是借助观察北斗斗柄的指向可以确定季节。在先秦时期，天文水平较低下，定季节除了借助物候的变化，还借助观象最为明显的斗杓是极为方便的。

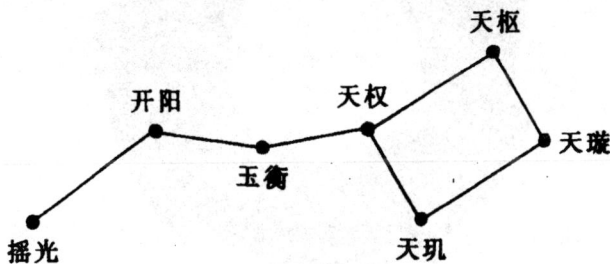

北斗七星图

主张浑仪说的也大有人在。为《后汉书·天文志》作注的刘昭认为，"璇玑者谓北极也，玉衡者谓斗九星也"。但孔安国为《后汉书·天文志》作注时，则认为："在，察也。璇，美玉也。玑衡，王者正天文之器，可运转者。七政，日月五星各异政。舜察天文，齐七政也。"这就是说，璇玑玉衡是舜帝观察日月五星的天文仪器。三国时代的王蕃（228年～266年）更武断地认为，璇玑玉衡就是旧式的浑仪，并把浑仪起源远溯古代的羲和（xī hé）氏，他把"主星象说"说成是受迷信之说的影响。宋代的沈括（1031年～1095年）也主张浑仪说，他对璇玑二字作了考证，"玑"是浑仪的环，"璇"是嵌在环上的银丁，夜晚观测度数不便，用手触摸，可以读出读数。后来的朱熹（zhū xī，1130年～1200年）也是主张浑仪说。他认为，"璇"是美玉，"玑"是机件。璇可以装饰玑，用以象征天体的运转。"衡"就是横的意思，转为横箫；玉制的管横向架设之，用于观测日月五星。朱熹认为，结构与现今的浑天仪类似。

璇玑玉衡真的是天文仪器吗？它怎样运转呢？汉代人认为，这种仪器是可以旋转的，用以观测星宿，以验证历法计算的季节。如果历法预测的时刻与观测一致，那么农业生产才能获得好收成。

璇玑玉衡图

　　主张浑仪说的人在清代时还找到了一些"证据"。王大澂在《古玉图考》中提到一个外缘有齿的玉璧，他为此命名为"璿（璇）玑"，认为是古浑仪上的机轮。也有人对此不以为然：如果这真是"璇玑"的话，璇玑可能更像是一种纺织器上的机件，那就不会与天文相关。然而，国外学者则另辟蹊（xī）径，提出了一些独特的观点。比利时学者亨利·米歇尔对璇玑玉衡的机构做了猜测性说明，他认为，璇玑是玉璧，它同一种"琮"的组合构成一种观测仪器。这种机构同浑仪无关，这同中国学者的看法有很大不同。

　　除了两种传统的观点之外，也有人认为，璇玑玉衡可能是古代天文仪器与星象观测相统一的术语。

　　这个起源于汉代的关于璇玑玉衡迄今尚未得到统一的说法。这千古之谜何时能解开呢？

论天三家各争奇

盖天说

古代，人们对天总是力图给它一个较明确的说法。一首民歌就可以反映出人们对天认识的程度。

敕（shì）勒川，阴山下。

天似穹庐，笼盖四野。

天苍苍，野茫茫，风吹草低见牛羊。

这是南北朝鲜卑族歌手斛（hú）律金创作的一首民歌。这首民歌尽管写得朴素，但是作者的感情是很深的。当人们到了内蒙古，望见那一望无际的大草原，恐怕首先想到的就是这首民歌吧！

歌中唱到的"天似穹庐，笼盖四野"，是人们对天的一种表面印象和天地之间关系的认识，这很可能导致一种天文学说——盖天说。传说，这种学说是古代庖牺氏和周公所建立的。估计，这种学说起源于殷末周初，后经过不断地改进和发展，公元前 1 世纪成书的《周髀（bì，测日影的标杆）算经》对这种学说进行了系统的阐发。

一般来说，在《周髀算经》之前，提出一种盖天说，它强调"天圆如张盖，地方如棋盘"，就是"天圆地方"说，它在后来一直还作为天地的象征。像北京明清时建造的天坛和地坛，祭天神用圆形坛（"圜丘"），祭地神用方形坛（"方泽坛"）。

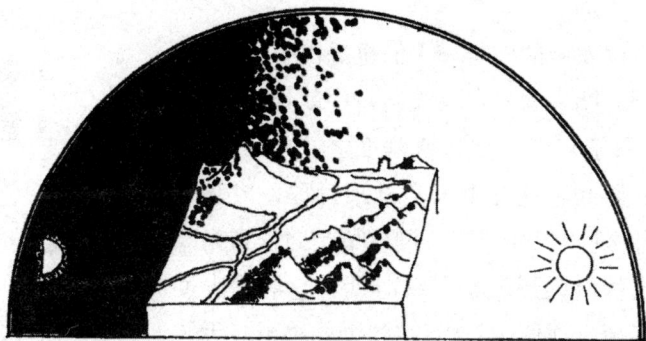

盖天说图示

"天圆地方"也有缺陷。春秋时期，有一位名叫单居离的人问孔子的弟子曾参（公元前 505 年～?）说："天圆而地方，诚有之乎?"曾参答道："如诚天圆而地方，则是四角之不揜（yǎn，即"掩"字）。"曾参意识到，天圆地方可能发生天盖不严地的可能。

《周髀算经》中提出了一种新的盖天说，指出"天像盖笠，地法覆盘"。这就是说，天不是半球形而是一个球冠形状，地不是一个棋盘的样子，而是一个倒置的盘子。这就避免了"四角之不掩"的情况了。

除了天地形状之外，盖天说还对天地关系、天体运动、昼夜变化的现象作了解释，并且作了定量计算。

然而，盖天说中的缺陷也是明显的。晋代葛洪（283 年～343 年）曾提出疑问。他认为，如果太阳绕北极星旋转，离我们远了就会看不见，那么在日出、日落时应该呈"竖破镜之状"，为什么在高山上看日出、日落时，它呈"横破镜之状"呢? 盖天说的确是难以解释的。

浑天说

与盖天说发展的同时，人们也提出了浑天说。
例如，战国时期的屈原在《天问》中就指出："圜
（yuán，即圆字）则九重，孰营度之？""圜"就
是天球，屈原问，这九重天是谁来管理，或它运
行规律是什么呢？"浑天"一词最早是西汉末扬雄
提出的。这种学说形成于西汉时期，它的代表性
观点载在张衡《浑仪注》中："浑天如鸡子。天体
圆如弹丸，地如鸡子中黄，孤居于内，天大而地
小。天表里有水，天之包地，犹壳之裹黄。天地
各乘气而立，载水而浮……天转如车毂（gǔ，车
轮的中心部分）之运也，周旋天端，其形浑浑，故曰浑天。"

张衡像

这段话非常简明。它把天地比作一个鸡蛋，天体是圆形的，地是鸡
蛋中的蛋黄部分，位于天之内，所以天大而地小。整个天是旋转的，就
像车轴一样旋转不已，形状也因此显得不清晰。

浑天说比起盖天说，在关于天地运动、天地关系等方面更合理。由
于整个天球都看作圆形，它的计算就自然地引进了球面坐标系。用浑天
说计算和解释日月五星的顺逆去留等天文现象是很精确的。然而，浑天
说也存在一定缺陷，特别是解说宇宙空间的存在，它是有限的还是无限
的，它也像盖天说一样，用词比较含糊。

盖天说者认为："过此而往者，未之或知。或知者，或疑其可知，或
疑其难知。"意思是说，天盖之外的空间，可能知道，但或许是可疑的。
主张浑天说的代表人物张衡（公元 78 年～139 年）也有类似的说法："过
此而往者，未之或知也。未之或知者，宇宙之谓也。"不过他又认为：
"宇之表无极，宙之端无穷。"这就是说，宇宙是无限的。

浑天说

宣夜说

与浑天说同时发展起来的还有一种学说叫做宣夜说。这种学说的发育并不健全，以至于在东汉时，人们对它就知之甚少了。史籍上只记载了东汉初年的秘书郎郗萌对宣夜说有所研究和宣传。

宣夜说认为，天是无形质的，仰首观看，天是"高远无绝"的，并且看上去像远山的青色和深谷的黑色，但实际上天是无颜色的，看上去的颜色只是表面现象。日月星辰悬浮在这无限的空间中，它们靠"气"在运动着。

宣夜说者研究的天既没有形质，又没有限制。对于日月星辰的运动，宣夜说者认为"气"提供了一种驱动力，这也使宣夜说不同于盖天说和浑天说。

宣夜说也有明显的缺陷，这就是它未能深入研究日月五星的运动规律，以及量度天体位置和运动的计算体系。因此，它未能流传下来。相比之下，浑天说的计算体系是比较完善的，它基本上取代并包含了盖天说的内容。在这一点上，东汉的张衡作出了重要的贡献。由于在浑天说理论的指导下，中国古代的编历工作开展得非常好，这差不多持续到明代末期。

论天三家，彼此辩驳，取长补短，形成了极富中国传统特色的天文理论体系和历法体系，为中国古代科学的发展作出了重要的贡献。

日中"黑气"与彗星图

黑子：太阳不是完美无瑕的

太阳供给地球生物光和热，就是说"万物生长靠太阳"。可是看上去像一块赤玉一样的太阳表面并不是完美无瑕的，它上面常有一种暗黑斑出没。在《汉书·天文志》上记录了一次有关太阳黑子的现象。上面是这样写着的："河平三年（公元前 28 年）……三月己未，日出黄，有黑气大如钱，居日中央。"这里把太阳黑子（"黑气"）的发生日期和地点记录得非常详细。这是世界上公认的最早关于太阳黑子的记录。

其实在更早些时候——"汉元帝永光元年四月……日黑居仄（zè，意"侧"），大如弹丸。"它也记录在《汉书·五行志》上。这也明确说明了太阳表面的旁侧有一个如弹丸大小成倾斜形状的黑子。

太阳黑子的位置是变化的，寿命也不同。《后汉书·五行志》中也有记载："中平……五年（公元 188 年）正月，日色赤黄，中有黑气如飞鹊，数月乃销。"

关于黑子的形状，中国人把它分为三类。圆形：如环、如桃、如李、如栗、如钱；椭圆形：如鸡卵、鸭卵、鹅卵、瓜、枣；不规则形：如飞鹊、如飞燕、如人、如鸟。

美国天文学家乔治·H. 海耳（1868 年～1938 年）对中国的太阳黑

子记录作过很高的评价，他说："中国古人测天的精勤十分惊人。黑子的观测，远在西人之前约 2000 年。历史记载不绝，而且相传很确实，自然是可以征信的。"确实如此，欧洲人观测太阳黑子的记录是在公元 807 年，而且还以为这是水星从太阳表面经过。确切的记录是伽利略（1564 年～1642 年）于 1610 年观测到的，他观测了 3 年，到 1613 年才发表观测结果。

据统计，从汉朝到明朝，中国人观测到的太阳黑子记录了约 100 次。1843 年，德国人施瓦布计算太阳黑子的盛衰周期为 11 年。1975 年，中国云南天文台从公元前 43 年到 1638 年的 106 条黑子记录中，计算出周期为 10.6 ± 0.43 年，同时还存在 62 年和 250 年的长周期。70 年代～80 年代，对国际天文学界争论的"蒙德极小期"问题，中国天文学家也利用中国的太阳黑子记录给予了论证。

太阳黑子是一种重要的天文现象，它对地球气候变化和人类的无线电通讯都有影响，对它的观测记录也是研究太阳物理和日地关系的重要资料。

详尽的哈雷彗星记录

除了黑子的记录之外，汉朝人对彗星的观测也有极其宝贵的记录资料。

彗星有一条长长的"彗尾"，像一把大扫帚，因而也称"扫帚星"。古代对彗星的突访及奇特的外貌总感到惊恐，甚至认为它是战争、瘟疫、洪水、饥荒等灾难的预兆，它是奉上天之命来惩罚人类的。

在古希腊，亚里士多德曾认为，彗星是地球大气层中的燃烧现象，不值得研究。因此对欧洲人产生了不利的影响。中国人最早的彗星记录是《竹书纪年》上记载周昭王十九年（约公元前 14 世纪）出现的一次彗星现象。但是对这个记载的真实程度尚有疑问。可靠的记录是，《春秋》

记载："鲁文公十四年（公元前 613 年）秋七月，有星孛（bèi）入于北斗。"这是世界上最早的一次有关哈雷彗星的记录。《史记·六国表》中"秦厉共公十年（公元前 467 年）彗星见"则是哈雷彗星的再次相见，相差 76 年。这样的记录，到 1911 年共有 31 次，一次也未漏掉。最详细的一次记录是《汉书·五行志》的记录："元延元年（公元前 12 年）七月辛未，有星孛入东井，践五诸侯，出河戌北，率行轩辕、太微，后日六度有余，晨出东方。十三日，夕见西方……锋炎再贯紫宫中……南逝度犯大角、摄提。至天市而按节徐行，炎入市中，旬而后西去；五十六日与苍龙俱伏。"这段记载既简洁又生动，把彗星的运行路线、运行快慢和出现的时间都描述得栩栩如生。

不仅如此，在西汉年间，人们对彗星的形态也做了详细和准确的描述。在长沙马王堆的西汉墓出土的帛书《天文气象杂占》中就有 29 幅彗星图。这是世界上最早的彗星图。今人研究表明，这些图可能是战国人画的。其中多数图像较为真实地反映了彗尾的不同形状和特征，有的还对彗头中彗核结构略有描绘。由这些图可以推测，中国人对彗星的观测已坚持了很长的时间了。

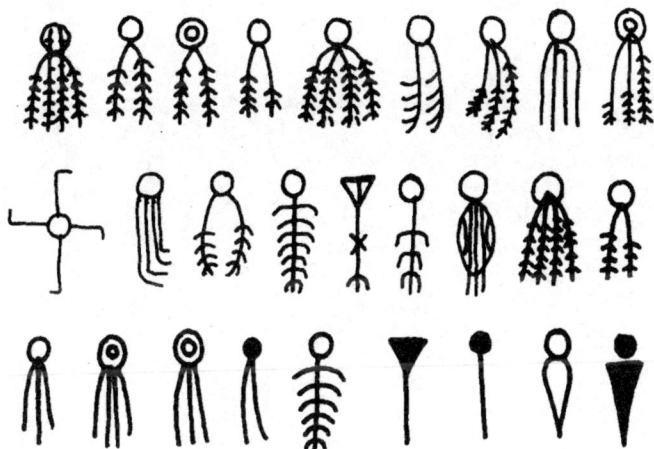

《天文气象杂占》中彗星图

彗星除了"扫帚星"的别名之外，还有许多名称，如《史记·天官书》中，将东北方发现的叫天棓（pǒu），东南方发现的叫彗星，西北方发现的叫天槐（chán），西南方发现的叫天枪。唐代印（度）裔瞿昙悉达（生卒年不详）的《开元占经》中引用石申夫（战国时人）的《星经》讲到："凡彗星有四名，一名孛星，二名拂星，三名扫星，四名彗星。其状不同。"《天文气象杂占》中的彗星图为此提供了佐证。

对于彗星的本质，《晋书·天文志》中也作了明确的说明："彗体无光，傅日而为光，故夕见则东指，晨见则西指。在日南北皆随日光而指，顿挫其芒，或长或短。"这里把彗星延伸的方向与太阳之间的内在关系说得很清楚了。

在《晋书·天文志》中还明确记述了彗星分裂现象："晋义熙十一年（415 年）五月甲申，彗星二，出天市，扫帝座，在房、心北。"

总之，中国人对彗星的观测非常认真和全面，是世界上最早的，而且这些观测记录最丰富、详尽，至今仍是世界天文观测史的宝贵记录。

独一无二的超新星爆发记录

超新星爆发是恒星世界中已知的最剧烈的爆发现象，它爆发后的遗下物质可坍（tān）缩为白矮星、中子星或黑洞。超新星爆发后往往要形成很强的射电源、X 射线源和宇宙线源，例如脉冲星本质上就是中子星。超新星往往还是星际间重元素物质的贡献者。因此，天文学界极为重视超新星爆发现象。迄今为止，对于古代超新星的记录只有中国是最完整的。

最早记录到超新星爆发是公元 185 年 12 月 7 日，《后汉书·天文志》中记载："中平二年十月癸亥，客星出南门中，大如半筵，五色喜怒，稍小，至后年六月乃消。"这里的"客星"就是对超新星的称谓（它也用来称新星）。这次超新星爆发持续了 20 个月，亮度可达太阳的几亿倍。现在于半人马座 α、β 两星之间观测，被证认有一个射电源。

此后，晋孝武帝太元十一年（386 年）、太元十八年（393 年）、北宋真宗景德三年（1006 年）、北宋仁宗嘉祐元年（1054 年）、南宋孝宗淳熙八年（1181 年）、明成祖永乐六年（1408 年）、明穆宗隆庆六年（1572 年）、明神宗万历三十二年（1604 年），共计 8 次，肉眼可看见它们，一般可持续几个月到几年。

最亮的一次是 1006 年爆发的超新星，它最亮的时候像月亮一样亮，夜间还可以在它的照耀下看书。

1572 年的超新星爆发时，人们看见它"星赤黄色、大如盏、光芒四出"。丹麦天文学家第谷·布拉赫（1546 年～1601 年）也看见了这颗超新星，西方人称此为"第谷超新星"。可是明朝天文学家的记录比第谷还要早3天，而且多观测了2个多月。1572年的超新星爆发得太突然了，刚刚继位的万历皇帝"于宫中见之，儆（jing，使人警醒）惧，夜露祷于丹陛。"可见万历皇帝看到这颗超新星的敬畏之情了。

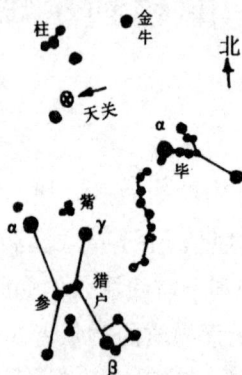

天关"客星"示意

1604年的超新星爆发，它"如弹丸、色赤黄"，其亮度毫不逊于金星。德国天文学家约翰·开普勒（1571年～1630年）对它进行了观测，西方人称它为"开普勒超新星"。

超新星记录中最为著名的还是1054年间的超新星爆发。《宋会要》一书曾对这次爆发情况做了记述。早晨，天关星附近，突然出现了一颗明亮的"客星"，明亮的程度是"昼见如太白，芒角四出，色赤白"。这就是说，在白天都能看见它。这样持续了23天。当这次爆发过程结束后，它的故事仍未完结。

1731年，英国一位天文爱好者约翰·贝维斯（1693年～1771年）首次用一架小型望远镜观测，发现了一个朦胧的椭圆型云状斑。1758年，查尔斯·梅西耶（1730年～1817年）也观测到这个云斑。1771年梅西耶刊布的星表（也称《梅西耶星表》）时，把这个云团列入星云表中的第一个星云，也称作M1。80年代后，威廉·帕尔森（后来袭封为〈第三代〉罗斯勋爵，1800年～1867年）用他的180厘米反射望远镜对M1进行观测，发现这个云斑是一堆杂乱的气团，其中有许多发光的纤维状东西。他为此命名"蟹状星云"。1921年，美国天文学家邓肯对比了两批间隔12年的照片，确认蟹状云团是在膨胀着的。1942年，荷兰天文学家J. H. 奥尔特（1900年～? 年）研究表明，蟹状星云是1054年超新星爆发的产物。1968年发现脉冲星之后，天文学家又发现，该星云中有一射电脉冲星，它辐射的脉冲周期最短，是脉冲星中旋转最快的一个，并且是唯一辐射可见光的脉冲星。1969年，又发现该星云辐射X射线、γ射线和红外射线。因此，1054年超新星的记录为现代恒星演化理论研究提供了不可多得的重要信息。

现代天文学迅速发展的今天，对超新星以及许多天文现象的研究，都需要古老的天文观测记录提供佐证。

最早的分数运算规则

《九章算术》是中国古代数学体系建成的标志，对中国古代数学发展产生了深远的影响。这本书采用了问题集的形式，后来的中国数学著作始终采用这种形式。

《九章算术》（也简称《九章》）共分九章，大部分是为解决许多具体问题而设置的章节。由于它同实际生活和生产密切相关，它一直用作数学教育的教本。唐宋时期，政府明令把它定作教科书。

《九章》不仅在中国数学史上写下了光辉篇章，而且在世界数学史上创下了不少世界之最。例如，矩阵、方程组、不定方程问题都是《九章》中最先探讨的（本书有另文专述）。《九章》还涉及到最早的分数运算规则。

公元前 3 世纪，《几何原本》成书，其中欧几里得（生活在公元前 3 世纪）并未涉及到分数运算的方法。古埃及人的分数表示法很复杂，如 $\frac{7}{29}$ 的表达式是 $\frac{1}{6}+\frac{1}{24}+\frac{1}{58}+\frac{1}{87}+\frac{1}{232}$。这就使分数计算成为很复杂。7 世纪时，亚美尼亚的著名数学家阿那尼在他的《算术习题课本》一书中，讲了一道 8 个分数相加的问题，他就被认为是最有知识的人了。当时，欧洲的一位修士 V. 倍达（672 年～735 年）曾叹道："世界上有很多难做的事，但是，没有比分数运算再难的了。"据说，在他的著作中几乎没有述及分数，并且回避整数的除法。甚至到了 18 世纪，欧洲人对分数运算仍有畏葸（xi）之情，学生们有时看到分数运算时就叫喊："不要再往下讲了。"

中国人对分数运算研究得很早，甚至在《左传》一书中就有关于分数的记载。国王分封国家时说："大都不过三国之一，中五之一，小九之一。"这就是说，大的诸侯国，都城不能超过周朝国都的 1/3，中等的不能超过 1/5，小的不能超过 1/9。《管子·地员》中关于乐律的计算问题，也提到把乐管"三分而损之一"的说法，反复损（减）或益（增）就得到了五声音阶。秦初颁行的《颛顼历》规定，一回归年长度为"三百六十五，四分之一天"；一年的月数为"一十二，十九分之七月"；每月的天数就须经过这样一个分数运算：

$$365\frac{1}{4} \div 12\frac{7}{19} = \frac{1461}{4} \div \frac{235}{19}$$

$$= \frac{1461 \times 19}{4 \times 235}$$

$$= \frac{27759}{940}$$

$$= 29\frac{499}{940}$$

《周髀（bì）算经》中还涉及到更为复杂的分数运算。可见中国人分数运算能力之强了。

在《九章》中的"少广"章中，有一道题要用分母的最小公倍数作公分母，这就是

$$1 + \frac{1}{2} + \frac{1}{3} + \frac{1}{4} + \frac{1}{5} + \frac{1}{6} + \frac{1}{7}$$

$$= \frac{420}{420} + \frac{210}{420} + \frac{140}{420} + \frac{105}{420} + \frac{84}{420} + \frac{70}{420} + \frac{60}{420}$$

$$= \frac{1089}{420}$$

分母 420 就是诸分母的最小公倍数。

关于分数加减乘除，在"方田"章中分别称作"合分"、"减分"、"乘分"、"经分"，书中涉及到的分数运算题有：

$$\frac{1}{3}+\frac{2}{5}=\frac{1\times5+2\times3}{3\times5}=\frac{11}{15};$$

$$\frac{8}{9}-\frac{1}{5}=\frac{8\times5-1\times9}{9\times5}=\frac{31}{45};$$

$$\frac{4}{7}\times\frac{3}{5}=\frac{12}{35},\quad\frac{7}{9}\times\frac{9}{11}=\frac{7}{11};$$

$$\left(6\frac{1}{3}+\frac{3}{4}\right)\div3\frac{1}{3}$$

$$=\left(\frac{19}{3}+\frac{3}{4}\right)\div\frac{10}{3}$$

$$=\frac{85}{12}\div\frac{40}{12}=\frac{85}{40}=2\frac{1}{8}.$$

公元 263 年，魏晋时期的数学家刘徽（生卒年不详）为《九章》作注时又补充了一条法则——颠倒相乘。如

$$\frac{85}{12}\div\frac{10}{3}=\frac{85}{12}\times\frac{3}{10}=\frac{85}{40}=2\frac{1}{8}$$

由此可见，《九章》系统阐述了分数运算规则和方法，这同现代的方法基本上是一致的。这也是世界上最早的记载。类似的方法，印度到 7 世纪、欧洲到 15 世纪才出现。比起印度来说中国还要早 5 个世纪。

除了分数运算规则，与分数运算相关的还有最小公倍数（上面已提到），西方最早是 13 世纪的意大利数学家斐波那契（1170 年~1250 年）首次叙述到最小公倍数，这比《九章》的叙述要晚 1200 年了。

此外，《九章》中还使用了小数。中国人使用的小数实际上是十进分数，其意义与分数的运用是一样的。刘徽在注释《九章》时，在"少广"章的"开方术"中讲到，当开方不尽时，就用十进分数来表示。在中亚，阿尔·卡西（？~1436 年）于 1426 年发表的《圆周的论文》，他用六十进制分数来表示圆周率，同时也首次用十进分数来表示。比利时工程师和数学家斯台文（1548 年~1620 年）出版的《论十进》一书，第一次明确讨论了小数的理论。然而，这分别比刘徽晚了 1100 年和 1300 年了。

《九章》的"均输"章中也讲到了分数运算的应用问题：

1. 今有程耕，一人一日发七亩，一人一日耕三亩，一人一日耰（yōu，盖土）种五亩。今令一人一日自发、耕、耰种之，问治田几何？

这道题的大意是说，已知一个人一天能翻土七亩，一天耕地三亩，一天播种五亩。如果一个人自己翻土、耕地和播种，问能种完多少亩？解算过程是：

$$1 \div \left(\frac{1}{7} + \frac{1}{3} + \frac{1}{5} \right) = 1\frac{34}{74} \text{（亩）}$$

2. 今有竹九节，下三节容四升，上四节容三升，问中间二节欲均容，各多少？

大意是说，竹长九节，上细下粗，每节的容积差相等。已知下三节容积和为四升，上四节容积和为三升，问中央的二节容积是多少？

这道题应先求出相邻二节的差数，下三节，平均每节容积为 $\frac{4}{3}$ 升，上四节，平均每节容积为 $\frac{3}{4}$ 升。下三节与上四节的中心点相距的节数为

$$9 - \frac{3}{2} - \frac{4}{2} = \frac{11}{2} \text{（节）}。$$

下三节与上四节的容量差为

$$\frac{4}{3} - \frac{3}{4} = \frac{7}{12} \text{（升）}，$$

相邻两节差数为

$$\frac{7}{12} \div \frac{11}{2} = \frac{7}{66} \text{升}。$$

这样就可得中间二节的容积数为

$$1\frac{8}{66} \text{升和} 1\frac{1}{66} \text{升}。$$

一般来说，这样的分数运算是比较复杂的。尽管如此，它也不过是解决等差级数问题的辅助工具而已。

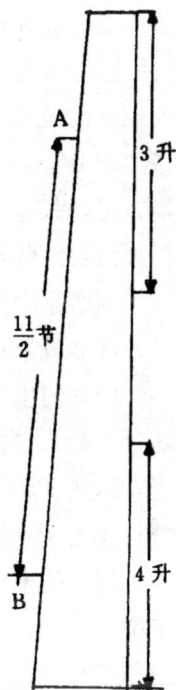

竹节容积

刘徽与《九章算术》

经过千年左右的时间，至迟到东汉时期，形成了中国古典数学体系，其标志是《九章算术》一书。

由于《九章算术》（以下简称《九章》）流传时间长，到三国时期，人们就已很难说清楚此书的编纂时代和编纂人员了。原因是，经过秦始皇"焚书"后，许多著作都失散了。就《九章》成书最近的（西汉）时期来看，张苍（？～公元前152年）和耿寿昌（公元前73年～前49年间任大司农）曾对该书进行过整理。

刘徽是中国古代数学理论的奠基人，为古代数学发展做过重要的贡献，许多成果在世界上领先达几百年乃至上千年之久。

刘徽的生卒年不知，是三国时期的魏国人，景元四年（263年）曾注疏《九章》，这是他一生中很重要的研究工作之一。他生在山东邹平县，当时称淄（zī）乡。由于他在数学上的成就，北宋大观三年（1109年）曾封他为淄乡男。

刘徽的家乡是中国儒学的发源地。先秦时期，齐国在临淄地区建立了稷下学宫，学术风气极为浓厚。这种学风的影响直至魏晋时期而不衰，2～3世纪时出现了不少文学家和思想家。这种气氛对刘徽的成长是极为有益的。

少时的刘徽很喜欢《九章》，经过多年的学习和研究，他大胆地为《九章》作注，使《九章》中各种问题论证都有可靠的论据和前提，对于一般的算法中重要的数学概念也给予了严格的定义，用这些定义去说明算法的原理。

在《九章》中的"方程"章中有这样一道题："今有卖牛二、羊五，以买十三豕（shì，猪），有余钱一千；卖牛三、豕三，以买九羊，钱适足；卖羊六、豕八，以买五牛，钱不足六百。问牛、羊、豕价各几何？""术曰：如方程，置牛二、羊五正，豕十三负，余钱数正；次置牛三正，羊九负，豕三正；次置牛五负，羊六正，豕八正，不足钱负。以正负术入之。"它的方程可以写作（现代形式）：

$$\begin{cases} 2x+5y-13z=1000 \\ 3x-9y+3z=0 \\ -5x+6y+8z=-600 \end{cases}$$

它们的解并不难求，问题的主要意义在于，设"卖"为正、"买"为负。这是世界上首次使用正负数来解决实际问题，而欧洲在 18 世纪时个别数学家还把小于零的数看作是不可思议的。

刘徽认为："两算得失相反，要令正、负以名之。""两算"就是两种算筹。为了从算筹上区别正负数，他指出："正算赤，负算黑，否则以邪（斜）正为异。"用颜色区别，简单明了，易于推广。

国外首先提到负数概念的是印度数学家、天文学家婆罗摩及多（约598 年～?），但比中国要晚 600 年。

在《九章》中有一个公式，写作现代形式就是 $S=\frac{1}{2}Lr$，其中 S 为圆面积，L 为圆周长，r 为半径。为了证明它，刘徽独创了一种方法——割圆术。他的方法很简单，把圆内接正多边形的面积同圆面积相比较，将正多边形的边数逐渐增加时，二者的面积就相互接近。最后，证得 $S=\frac{1}{2}Lr$。

利用割圆术还求出了圆周与直径之比——圆周率（π 值）。刘徽画出一个直径为 2 尺的圆，反复割圆，他画到正 192 边形，得到的 π 值为3.141024 或 $3.14\frac{64}{625}$。一般情况下，刘徽只取 3.14（这个值也称为"徽率”）。

割圆术第一次提供了求得圆周率的正确方法，为祖冲之（429 年～500 年）求得更为精确的圆周率（“祖率”）奠定了基础，并使得中国在很长时期内保持着领先的地位。

割圆术的思想——反复分割物体体积，对这些分割后的体积求和——还应用在求锥体体积和比较复杂的形体体积上。特别是对后者的研究，最终导致 200 年后祖冲之父子提出的祖暅（gèng，5 世纪～6 世纪时人）原理。

除了为《九章》作注之外，刘徽还有一部流传至今的著作《海岛算经》。这部书是为了弥补《九章》中有名无实的“重差”问题，而附于《九章》之后的一章，到唐朝时才同《九章》分离开。由于其中的第一题是关于测量海岛的高和远的问题，故名为《海岛算经》。

《海岛算经》后来也失传了，到清初，由安徽数学家戴震（1723 年～1777 年）搜集整理后编成书。书中还留下 9 个问题，主要是研究测量学的问题。

刘徽不愧为一位数学巨子，《九章》一书处处闪烁着他那不凡的灼见。像割圆术中反映出的数学思想，到清末李善兰（1811 年～1882 年）以前，再没有人能超过他的数学水平了。

方程、矩阵与趣味数学

《九章算术》是一部很通俗的数学书，较为实用，因此它常用来作教科书。这部书还流传到朝鲜和日本，促进了朝、日数学的发展。

方　　程

《九章算术》中的"方程"章内有一道"五家共井"的问题："今有五家共井，甲二绠（gěng，汲水用的绳子）不足如乙一绠，乙三绠不足如丙一绠，丙四绠不足如丁一绠，丁五绠不足如戊一绠，戊六绠不足如甲一绠，各得所不足一绠皆逮。问：井深绠长各几何？"（答曰：井深七丈二尺一寸；甲绠长二丈六尺五寸，乙绠长一丈九尺一寸，丙绠长一丈四尺八寸，丁绠长一丈二尺九寸，戊绠长七尺六寸）

这道题的意思是，5家共用一井，他们量井深时，各家的绳子都不够。甲家绳子的2倍还不够，它所缺的正好加上乙家的绳长；若用乙家的绳子，乘以3倍再加上丙家的绳长正好为井深……

若设甲乙丙丁戊绳长各为 abcde，则可写一个方程组

$L=2a+b=3b+c=4c+d=5d+e=6e+a$。

这是一个五元一次的不定方程组（其中 L 为井深）。在题后附有答案，这只是许多答案中的一组。

在西方数学史中，把最早提出不定方程的功劳归在古希腊丢番图

"五家共井"问题

（公元 3 世纪时人）的名下，而他的名著《算术》中提出了不定方程问题，比《九章》晚了 200 多年。

对于解方程组，"方程"中也有论述。它的第一题是："今有上禾三秉（就是"捆"），中禾二秉，下禾一秉，实三十九斗；上禾二秉，中禾三秉，下禾一秉，实三十四斗；上禾一秉，中禾二秉，下禾三秉，实二十六斗。问上中下禾实一秉各几何？"

这是一道典型的三元一次方程组，古代用算筹表示，列出算式是

	左行	中行	右行
上禾	|	||	|||
中禾	||	|||	||
下禾	|||	|	|
实禾	＝⊤	≡	≡|||

按现代格式写（上中下禾分设 xyz）：

$$\begin{cases} 3x+2y+z=39 \text{（相当于右行）} \\ 2x+3y+z=34 \text{（相当于中行）} \\ x+2y+3z=26 \text{（相当于左行）} \end{cases}$$

古代数学家用算筹求解方程

这道题涉及的方程组也是世界上最早的方程组，西方提出此类问题是在 18 世纪，比中国要晚了 1500 年左右。

矩　阵

我们知道，解线性方程组可以用行列式，这在今天的高中数学中有所介绍。但是用这种方法解高阶行列式并非易事，因此要引进矩阵来解线性方程组。在对上题求解时，书中就已采用了矩阵的方法，这就是用方程组的系数和常数构成的一个方阵。例如

$a_1 x + b_1 y + c_1 z = d_1$

$a_2 x + b_2 y + c_2 z = d_2$

$a_3 x + b_3 y + c_3 z = d_3$

写成矩阵形式为

$$\begin{bmatrix} a_1 & b_1 & c_1 \\ a_2 & b_2 & c_2 \\ a_3 & b_3 & c_3 \end{bmatrix} \ 或 \ \begin{bmatrix} a_1 & b_1 & c_1 & d_1 \\ a_2 & b_2 & c_2 & d_2 \\ a_3 & b_3 & c_3 & d_3 \end{bmatrix}$$

仿照此，上题可写如下方阵和演算过程

$$\begin{bmatrix} 3 & 2 & 1 & 39 \\ 2 & 3 & 1 & 34 \\ 1 & 2 & 3 & 26 \end{bmatrix} \xrightarrow[\text{第2行}]{\text{以3乘}} \begin{bmatrix} 3 & 2 & 1 & 39 \\ 6 & 9 & 3 & 102 \\ 1 & 2 & 3 & 26 \end{bmatrix}$$

$$\xrightarrow[\text{两次减第1行}]{\text{第2行连续}} \begin{bmatrix} 3 & 2 & 1 & 39 \\ 0 & 5 & 1 & 24 \\ 1 & 2 & 3 & 26 \end{bmatrix} \xrightarrow{\text{(略)}} \begin{bmatrix} 3 & 2 & 1 & 39 \\ 0 & 5 & 1 & 24 \\ 0 & 4 & 8 & 39 \end{bmatrix}$$

$$\xrightarrow{\text{(略)}} \begin{bmatrix} 3 & 2 & 1 & 39 \\ 0 & 5 & 1 & 24 \\ 0 & 0 & 36 & 99 \end{bmatrix} \rightarrow \begin{array}{l} 36z=99 \text{（第3行）} \\ z=2\frac{3}{4} \end{array}$$

以及 $5y+z=24$（第二行）

代入 z 值得 $y=4\frac{1}{4}$；进而得 $x=9\frac{1}{4}$。

如果用矩阵方法求"五家共井"问题也是非常简便的，重写一下方程组

$$\begin{cases} 2a+b=L \\ 3b+c=L \\ 4c+d=L \\ 5d+e=L \\ 6e+a=L \end{cases}$$

写成矩阵是

$$\begin{bmatrix} 2 & 1 & 0 & 0 & 0 & L \\ 0 & 3 & 1 & 0 & 0 & L \\ 0 & 0 & 4 & 1 & 0 & L \\ 0 & 0 & 0 & 5 & 1 & L \\ 1 & 0 & 0 & 0 & 6 & L \end{bmatrix} \rightarrow \begin{bmatrix} 2 & 1 & 0 & 0 & 0 & L \\ 0 & 3 & 1 & 0 & 0 & L \\ 0 & 0 & 4 & 1 & 0 & L \\ 0 & 0 & 0 & 5 & 1 & L \\ 0 & 0 & 0 & 0 & 721 & 76L \end{bmatrix}$$

由此可得

$$e=\frac{76}{721}L,\quad d=\frac{1}{721}\cdot\frac{721L-76L}{5}=\frac{129}{721}L,$$

$$c=\frac{148}{721}L, \quad b=\frac{191}{721}L, \quad a=\frac{265}{721}L$$

根据题意，L取的值应使 abcde 最小，这样令 L=721 寸，则 a=265 寸，b=191 寸，c=148 寸，d=129 寸，e=76 寸。

尽管《九章》中对矩阵的性质未加探讨，但是"大胆地"借助此法解决方程组求解的问题是最早的。提出矩阵概念和研究矩阵的各种性质是 19 世纪数学家的事情了。

趣味数学

《九章》中还有一些有趣的数学问题。例如，"勾股"章中有一题："今有池方一丈，葭（jiā，初生芦苇）生其中央，出水一尺，引葭赴岸，适与岸齐，问水深葭长各几何？"

这是利用勾股定理的计算题。如右图（1），水深为 b，苇长为 c，池边长为 2a，书中提供了公式的推导，

$$b=\frac{a^1-(c-d)^2}{2\,(c-b)},$$

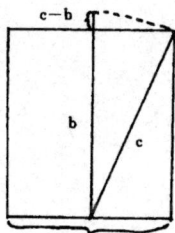

池方一丈题（1）

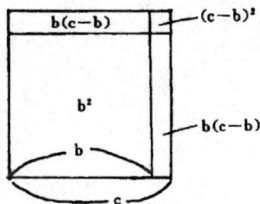

池方一丈题（2）

$$c=b+(c-b)=\frac{a^2+(c-b)^2}{2\,(c-b)}$$

这是如何推导的呢？三国时期的刘徽做了这样的推导，（如图2），

$a^2=c^2-b^2$（勾股定理）由图可见

$$a^2 = c^2 2 - b^2 2 = (c-b)^2 + 2b(c-b)$$

$$\therefore \quad b = \frac{a^2 - (c-b))^2}{2(c-b)}$$

由题设 a＝5 尺，－b＝1 尺

$$\therefore \quad b = \frac{5^2 - 1^2}{2 \times 1} = 12 \text{ 尺}, \quad c = \frac{5^2 + 1^2}{2 \times 1} = 13 \text{ 尺}。$$

12 世纪时，印度数学家巴斯迦罗·阿卡利亚（1114 年～?）也提出了一个"莲花问题"："波平如镜一湖面，半尺高处出红莲，孤零直立在那里，狂风把它吹一边，距根生处两尺远，试问湖水多深浅?"（答：$3\frac{3}{4}$ 尺）

由于对中国与印度的数学交流研究还很不够，尚难下这样的结论——"莲花问题"来源于"芦苇问题"。中国与印度的数学交流的确是存在的，这种可能性还是有的。类似的重复还有一些。

正是《九章》中对大量的实用问题求解，保证中国人可以解决许多经济和工程问题，并且形成了有中国特色的数学体系。

代田法与三脚耧

秦汉时期，为了防御匈奴的进犯，修筑了一道闻名于世的万里长城。到汉武帝时期，汉军不再单纯据长城防守，而是多次主动出击，北越大漠，大败单于，基本上稳定了边界的形势。但是，连年征战，极耗国力，贫苦的农民开始反抗官府的横征暴敛了。

在这种形势下，汉武帝刘彻（公元前 156 年～前 87 年）曾召集大臣讨论国内的形势，特别是农业生产的问题。当大家一筹莫展之时，有人推荐了一名叫赵过的官吏来参加讨论。汉武帝听说过这位赵过精明且正直。

汉武帝接见赵过时，劈头就问："依你的见识，当今治理国家的要务是什么呢？"赵过对此早有准备，他奏道："当今形势动荡，国家耗费日甚，入不敷出，而百姓却食不果腹，鳏（guān，无妻或丧妻的男子）寡孤独终日苦度，其难犹甚。"

如此直言，足见赵过刚直不阿的本性，句句实言，汉武帝也无从计较了。赵过接着说："当务之急在于发展农业。"汉武帝见他陈说得井井有条，就任命赵过为搜粟都尉（管理农业的官员）。

代田法

发展农业的工作千头万绪。赵过认为，最主要的是要引入科学的方法，其中的关键是改革现行的耕作方法。

传说，上古时期的后稷（hòu jì）曾经推广过一种"代田法"。汉武帝时期，社会上刮起了一种"托古"之风。赵过就采用了古代文献中"一亩三畎（quǎn，田中的沟），岁代处"的方法。这种方法是，一亩地中开三条沟，形成三沟三垄。其中沟深、沟宽和垄面各 1 尺，三沟三垄为 6 尺宽。汉武帝时规定，一亩地等于 1 步×240 步（6 尺×1440 尺，1 步＝6 尺）。这就是说，一亩地上恰好开 1440 尺长的三沟三垄。

种植作物时，将种籽播种在沟内，刮风时，风将垄面的土壤几乎飕（sōu）干，但是沟里尚能保存一定的温度和水分，供幼苗之需。幼苗在沟内还能减少叶面水分的蒸发，使它苗壮成长。待到中耕除草时，可将部分垄土回填，培土于苗根部，直到垄平。这又使根系得到较好的发育，更多地吸收水分和养料。这样成长的作物，还能抗倒伏。第二年挖沟作垄时，与头一年的沟垄位置调换一下。这就是上面所说的"岁代处"。这相当于一种土地轮作制，是较为科学的作业方法。这种方法对黄河以北的干旱地区尤为见效。

由此可见，"代田法"在农业科学技术发展史上的确是一次重大变革。为了推广这套新的农业技术，赵过并不寄托在皇帝的一道诏书上，也不采用一哄而起的"人海战术"，而是有步骤地研究论证后再全面推广。他先在"离宫"（皇帝的一些临时住所）内空闲的地面开沟作垄，进行对比试验。结果发现，新的方法可使作物产量提高 25%～50%。

在推广"代田法"时，赵过召集了一些基层官吏和有直接生产经验的老农给予示范，而后逐步推广。在甘肃西北部、陕西、河北北部、河南西部和辽宁东部都曾采用"代田法"，对农业发展产生了积极的作用。

当时因为牲畜不足，推广"代田法"遇到不少困难。原因是，在元光六年到元狩四年（公元前 129 年～前 119 年）的 10 年间，汉武帝先后派大将卫青、霍去病率军出塞，进击匈奴 9 次，其中就有骑兵 20 万参战。虽然击败了单于，获得了军事上的胜利，保障了边境的和平，但是，同时也造成极大的耗费，其中军马损失不少。仅元狩四年的出击，"汉马

赵过推广"代田法"

死者十余万匹"。这就造成农业畜力极度缺乏，并且给"代田法"的推广带来困难。

耦犁和耧牛

面对这个难题，赵过进行了认真的思索。他觉得耕畜可以以牛代马，因此北魏的贾思勰（jiǎ sī xié）曾有"赵过始为牛耕"的说法。这种说法可能并不准确，但是大规模推行牛耕，赵过的确是起过重要作用。

以牛代马引起的一些技术问题是显而易见的。例如，两头生牛如何合犋（jù，相互协作），特别是工具改革等问题。

为了改进农具，赵过费了许多的心思。他组织了一些"功巧奴"（有技术的手工工人）进行研制。经过一段时间的设计和试验，赵过向汉武帝奏报，耦犁和耧车试制成功了。

耦犁就是二牛并一犋，俗称"二牛抬杠"。两人各牵一牛，一人扶犁，这就是"二牛三人耦犁法"。耦犁比起原始犁要灵巧得多，耕田的质量和数量都获得了提高。1972 年，在甘肃武威磨咀子的汉墓出土一件西

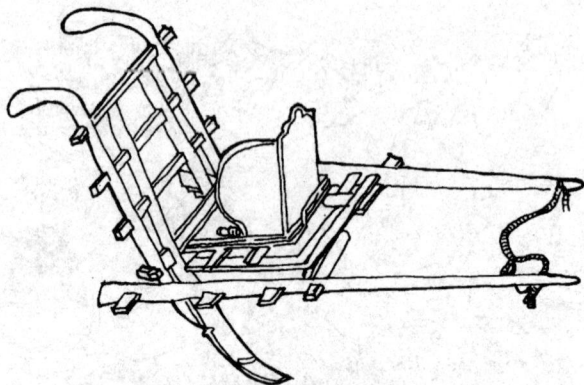

西汉时的三脚耧

（北京市中国历史博物馆陈列）

汉的木犁模型。据说，赵过推广的就是这种犁。随着农业技术的发展，对于驯牛来说，只需一人扶犁就可以了。这样，"二牛一人"就取代了"二牛三人耦犁法"。

赵过设计的耧车，考虑到播种的效率，对原来的一脚耧和二脚耧进行改进，提出了三脚耧，它是一种可以同时播三行种子的耧车。这是一种新型的播种机械，可以同时开沟、下种、覆盖，三者合一，一气呵成。它不仅简化了播种的程序，而且播种均匀、快捷，实在是一种非常先进的农具。现在，去中国历史博物馆参观就可以见到三脚耧的复制品。

推行"代田法"和这些新式农具，使当时的劳动生产率获得了提高。汉文帝刘恒时期（公元前 179 年～前 157 年在位），五口之家的劳动力有二人，"能耕者不过百亩"（小亩），用"二牛三人耦犁法"，能承担 5 顷（合 500 大亩）的耕作任务，平均每个劳动力的耕作能力提高了 8 倍。

农业生产率的提高对社会经济的繁荣和巩固国防都起到了重要作用。这其中赵过的功劳是很大的，他不愧为中国第一位农业机械专家。

西汉农业专家氾胜之

秦汉交接之际，由于连年争战，农业生产一直没能得到重视，百姓的生活非常艰苦。汉朝初年，一些有影响的政治家都上书皇帝，建议国家制定发展农业的措施，促进农业生产。经过数十年的努力，到西汉武帝时期，国家已呈现繁荣景象，老百姓也有了足够的粮食。汉武帝末年，由于北方匈奴的威胁，武帝在北部边陲长年用兵，致使国力消耗较大，国库出现了空虚。于是，他积极推进重农政策，并任命赵过为搜粟都尉，对农业生产进行了一系列的技术改革，并改进了农具，大大促进了农业生产的发展。

随着农业生产的迅速发展，到了西汉后期已出现了许多反映农业技术水平的著作，其中《氾胜之书》是流传至今的第一部杰出的农业专著。它的作者就是西汉末期著名的农业专家氾胜之。

氾胜之

氾胜之是曹县（今属山东省）人，生活在公元前1世纪的西汉后期。西汉成帝时，任议郎（官名），曾以轻车使者的身份在关中平原（今陕西渭河流域一带）管理农业。他提倡在关中地区种小麦，并获得丰收，后来被升为御史之职。他虽然身居官位，却能经常向农民虚心请教，并注意总结农民群众的生活经验。

瓠子长大个中妙法

当时，关中地区的农民每年都要种植一种叫做瓠（hù）的瓜类作物。瓠的外壳可以做瓢，里面的瓤子可以喂猪，从种子里榨出的油可以做蜡烛。有一位老农是一个种瓠的能手，他种的瓠特别大。氾胜之就经常到这位老农的地里去观察，并与他交上了朋友。不久，氾胜之就总结出了一套较为先进的经验，那就是：在种瓠之前，先挖一个三尺方圆的坑，把挖出的土和大粪一起掺匀放到坑里，然后再浇足水。等水完全渗下去后，就在这一个坑里同时种上十粒瓠子。这样，深深的坑，足足的肥，再加上饱含足够水分的土壤，为瓠苗的生根、发芽和成长都提供了良好的条件。等到 10 棵瓠苗长到二尺多长时，把它们聚拢到一起，用布条缠扎五寸多长，布条缠得要结实。然后，再用泥土在布条外面封好。几天后，缠扎过的地方，10 条瓠苗就长在一起了。而后，留下最强壮的一个苗头，把其余的九个头都掐去。这样做，养分可以集中供给留下的那一根长得粗壮的苗头。等到瓠结果时，最初结下的三个果子都要掐掉，保留第四、第五、第六个。因为结头三个瓠时，根茎、叶还没长完全，供应的养料太少，结出的果实自然也不会太大，所以要去掉最初的三个果子。如果遇到干旱的天气，不能直接在瓠根处浇水，而是在种瓠的坑的周围挖一条深四五寸的小沟，然后往沟里灌水，水便慢慢地渗到瓠根处，被瓠吸收。用这种方法种瓠，结出的果实要比平常的瓠大上几倍。

选种和施肥

选种和施肥是农业生产的重要环节。氾胜之总结了当地农民的经验，认识到"母强子良，母弱则子病"的种苗关系，有了良好的种子才能长

十条根从土里吸收养料，集中往一条茎
里输送，结出的瓠就能长在特大个儿

出健壮的幼苗，健壮的苗子才能结出丰硕的果实。因此，他提出，要获
良种，必须进行选种。选种的标准就是选择生长健壮、穗形相同、子粒
多而饱满、成熟一致的种子；选种时间必须是在收获以前，作物成熟之
后，到田间去选；选好的种子不能与其他非种子混杂，要单收、单打、
单收藏；还要防止种子受潮受热以及虫害。所以，选好的种子在收藏之
前一定要先晒干扬净，尤其要特别注意：过夏天的种子在保存时要用药
防虫。

　　氾胜之对施肥技术作出的总结也说明了 2000 年前中国的农业生产技
术水平已经达到了很高的层次。其中的溲种法（sōu zhǒng fǎ）是一种极
好的种子种前的处理方法。其法为：用马骨煮出的清汁泡上中药附子，
加进蚕粪和羊粪，搅成稠汁。在下种前 20 天，用稠汁浸泡种子，使种子

外面裹上一层有机质。经过处理的种子播到地里，既可以避免虫害，又可以供给种子发芽所需的足够养分。汜胜之归纳出的这个种子处理方法，是很合乎科学道理的，它的原理至今仍适用。

泥坛子渗水灌田

汜胜之的种瓜法也是向一位有经验的老农虚心学习之后总结出来的。

在西汉国都长安城的东郊，有一位年过六旬的农民，是个种瓜种菜的能手，他的瓜又大又甜，远近闻名。汜胜之就不辞辛苦经常来了解他的种瓜经验。原来，这位老人在种瓜前先挖一个坑，把坑边的土和大粪一起掺匀推到坑里，然后，在坑中央放上一个装满水的泥坛子，周围用土填好。再在坛子的周围种上瓜种。这样做的原因是由于泥坛子慢慢渗出水，周围坑中的土就湿润了，瓜就能吸收到适量的水分。瓜种种下以后，还要注意经常打开泥坛子看看，如果其中的水少了，就要再添上。这样，瓜在生长的时候，既经常保持湿润，又不会过于潮湿，瓜苗就会顺利生长，开花结果，结出的瓜也比一般方法种出的瓜大得多，甜得多。

区田和绿肥

老农民的种瓜方法使汜胜之受到很大启发。经过多次的实地考察和研究，他总结出了一种叫"区田法"的耕作方法。"区田法"的布置方式有两种：一种是小方形区种法，它比较适于坡地的种植，就是把田地分成一块一块来种植，每一块四周打上小埂，中间整平。一亩地挖多少小区、小区内的土地翻地要多深还要具体看这块地种什么庄稼。例如，种谷子和麦子，一亩地可挖 3700 个小区，翻土一尺深就足够了；另一种"区田法"是带状区种法，它适于平地种庄稼，就是一行一行种植，把种

泥坛子里的水慢慢往外渗透，灌溉瓜田

子播种在长条的线沟里。这两种方法都要求等距、密植、全苗，施肥充足，浇水及时以及精密的田间管理。氾胜之总结的这种区田法，不仅能抗旱，且便于深耕细作，集中使用人力物力，提高单位面积产量。直到清代，农学家杨屾（shēn）仍在关中地区推广这种方法。

此外，氾胜之还对关中地区种植的禾、黍、麦、豆等十三种农作物的生产技术作了详细的研究和总结，提出了利用绿肥改良土壤的独特技术方法，指出不同农作物必有不同的栽培方法等等，奠定了中国古代传统的农作物栽培技术的基础。

氾胜之对每一次的实践都要作详细记录，经过艰苦努力，刻苦钻研，氾胜之在总结农民群众农业生产经验的基础上，终于编成了中国历史上第一部农业专著《氾胜之书》。这部著作一经问世，即得到人们的重视，至今仍享有较高的声誉。遗憾的是在宋元时期原书失传了。现在，我们所看到的《氾胜之书》都是后人从《齐民要术》、《太平御览》等文献中辑出的部分原文。全辑佚本虽然只有3000多字，但从中人们仍能学到不少丰富的知识和宝贵的经验。因此，氾胜之与北魏时期的贾思勰、元朝的王祯（zhēn）一起被人们誉为山东古代三大杰出的农业专家是当之无愧的。

奇异的南方草木

以虫治虫，世界首创

当今世界，为了杀死农田、森林中的各种害虫，每年都要施用大量的化学农药。这些农药造成了环境的污染，使人畜中毒；在杀死害虫的同时，还杀死了大量的益虫和益鸟。为此，科学家们正在探索一条新的治虫路子，就是利用生物来防治害虫。例如，燕子吃蚊蝇、鱼吃孑孓（jié jué，蚊子的幼虫）、青虫菌能杀死螟虫、金小峰杀死棉花上的红蛉虫，等等。这些都给人以启发，何不用益虫杀死害虫呢?!

生物防治害虫的确是一种简易又无害的好办法。然而，世界上利用生物来防治害虫的历史要追溯到 1700 年前。

晋代，谯国铚（zhì）县（今安徽省宿县西南）人嵇含（jì hán，263 年～306 年）曾对南方岭南一带的植物生长情况有所研究。后来，他将这些材料整理成一部书——《南方草木状》。在这部书中，嵇含记载了一种以虫治虫的办法。嵇含在南方集市看到，有些人卖虫子。他很好奇，就上前问这虫子有何用处。那人说，这虫子叫"大黄蚁"，专吃柑桔树上的蠹（dù）虫。

嵇含知道，每当柑桔成熟之时，树上就会出现蠹虫。灾情严重时，整片柑桔林都没有一个果实是完好的。后来，果农偶然发现有一种叫做

"惊蚁"的蚂蚁专吃蠹虫。凡有惊蚁的地方，柑桔就可以免受可恶的虫害。当地人叫惊蚁为大黄蚁。

为了防治蠹虫，一些人就到林中寻找大黄蚁。大黄蚁的巢就像一层薄絮，结在树枝上。人们将一窝大黄蚁同枝叶一起摘下来，并装进一个席子作的口袋（"席囊"）。出卖时，连蚁带巢一起出卖。

20世纪60年代，一些科学家在广东的柑桔生产区推广一种红树蚁，以防治害虫。后来又将此法传到斯里兰卡、缅甸、泰国、马来西亚、印度尼西亚和澳大利亚等国家。

嵇含这个人做过地方官，自幼爱好读书，文章也写得好。遗憾的是，他在44岁时，因仇隙被人杀害了。

奇异的岭南植物

嵇含是一个有心人，他在读书时发现，许多书记录的植物种类都属北方，而南方的植物却记载得很少。汉武帝时期曾对南方进行开发，逐渐发现了许多新的植物种类，并且有些人还热心地向北方人介绍这些植物，甚至有些人尝试将它们移植到北方。

嵇含在《南方草木状》一书中介绍了许多新鲜的植物，如"冶葛"（也叫胡蔓草），叶子光而厚，人吃了会中毒，可是羊吃了又肥又壮；又如"蕙草"（也叫薫草），叶子像麻，可以止疠（lì，恶疮）。还有，南方人喜欢用"苏枋"树子制成绛（jiàng，大红）色染料，它像槐树，其子大而黑。用"密香树"的皮、叶制成"密香纸"，香且坚，置于水中也不烂；树木还能制成香料，各个部分都能制成各种香："鸡骨香"、"黄熟香"、"马蹄香"、"栈香"、"青桂香"、"鸡舌香"等。由此可见，中国人在1700多年前就已掌握了制作染料和香料的方法了。

《南方草木状》中最重要的贡献在于它对植物的分类。中国古代最早关于植物分类的知识的书是《尔雅》。这是西汉时期编写的一部辞书，也是中国人编纂的最早的一部辞书，它将植物分为草本和木本两大类。《南方草木状》也沿用了这种朴素的简单的分类方法，并在此基础上，把果树和竹子单独成为一类。这样，书中列举到的81种植物就分为草、木、果和竹四类。这在植物分类学的发展上显然是一个进步。

对于遗传与变异的认识，嵇含从现象上加以分析。茉莉花是从西方国家首先移植到华南沿海一带的，后来南方的许多地区"怜其芳香，竟植之"。嵇含注意到它的遗传性很强，它不随水土变化而变化。水松出自南海，叶子细长，五岭北边的人很喜欢这种树，将水松移栽了过来。可是水松到了五岭以北之后，由于土壤和气候条件发生了较大的变化，它的香味比原来更加强了。

嵇含还提到果鲜味美的荔枝。这种树高约5丈～6丈，四季枝叶长青，开青色花。汉武帝打败南粤之后，在朝廷专设"扶荔官"，从南方把百余棵荔枝树移植到长安，但一棵也未成活。年年移植都未成功，只有一棵树例外，但终未开花结果。为此只得从南方进贡。由于荔枝极易腐坏，为了运送荔枝，不知有多少脚夫累死在驿道之上。这真是：

一骑红尘妃子笑，无人知是荔枝来。

这样说来，唐朝诗人杜牧讽刺杨贵妃和唐玄宗的诗句，用在汉武帝身上也是很恰当的。

王景治河，千古留名

　　黄河流域是孕育华夏民族的发祥地之一。但是，黄河也是世界上含沙量最大的河流，它的上、中游途经土质疏松的黄土高原，使河中夹带了大量的泥沙。平时，黄河每立方米河水含沙量达 34 千克～155 千克，多时可达 391 千克，暴雨时有些河段竟超过 600 千克。说它是"一碗水、半碗泥"是毫不夸张的。就全中国来说，黄河每年输往下游的泥沙约 16 亿吨，占全部外流河总输沙量的 60％。

　　由于黄河每年差不多有 4 亿吨泥沙淤积在下游河床中，平均每年河床升高 10 厘米，使下游河床不断升高，黄河成了一条名符其实的"地上河"。黄河为中原一大隐患是自古就有的。然而，令人惊奇的是，从东汉至唐末，黄河却被驯服过 800 年左右的时间。东汉治河专家王景在治理黄河中就曾起过重要的作用。

　　黄河在春秋中叶的周定王五年（公元前 620 年）曾发生过一次改道。后来经过 500 多年的稳定期，到西汉才记载黄河有决口泛滥的记录。

　　汉武帝元光三年（公元前 132 年），黄河决口，泛滥了 23 年才被堵住。到新莽时期，黄河决口更一发而不可收拾，泛滥横流 70 余年，百姓受害，令人难以忍受，特别是社会生产力遭到了极大的破坏。这样才迫使东汉朝廷下决心治理水患。

　　永平十年（公元 67 年）黄河和汴（biàn）渠决口，殃及了几十个县。东汉明帝刘庄（公元 58 年～75 年在位）接到报告后，本欲治水。后来考虑到，东汉初战乱刚平息不久，不宜太劳民伤财。但受灾人数太多，民怨沸腾。于是在永平十二年，汉明帝召集大臣议论治河之事。议来议去，还是不得要领。由于王景（公元30年～83年）在治河方面很有经验，皇帝就召他来商量治河之事。

皇帝问王景，"对于汴渠水患，有人主张速治，有人主张稍缓，你是什么意见呢?"王景奏道："皇都洛阳，运粮全靠汴渠，汴渠溃决对朝廷影响甚大，且百姓受灾，怨声载道，应及早治理水患。"皇帝又询及治河之策。王景认为，黄河为汴渠为患之源，汴患只是表面现象，只有黄河与汴渠一起治理才能成功。

听了王景的一番话，明帝非常高兴，又想起王景曾修浚（jùn，疏通）仪渠有功，因而重赏了王景，同时又赐给王景《山海经》、《河渠书》和《禹贡图》等书籍和物件。王景非常高兴；特别是他可以在治理黄河上一显身手，这更使他心花怒放。

王景自小聪明好学，看的书非常多，对"天文术数"之类的书非常爱读，对水利工程有较深的研究。这次治理黄河的机会确是难得，这可使他一展鸿图，以慰平生之愿。

永平十二年夏开始，王景率几十万河工，"自荥阳至千乘海口"的500千米河段上全面铺开。王景把治河分为几项：筑堤、理渠、绝水、立门，而后将黄河与汴渠分流，使它们各归其旧道。

筑堤是从荥阳到千乘，堤长500千米，借此来固定黄河之道。王景知道，黄河所以决口不已，主要是因为地上悬河太危险。为此，他选择了新的河道，入海距离比旧河道小了，加上别的措施，使河水流速和输沙能力都提高了。

关于大堤，王景设计了两种大堤：缕堤和遥堤。遥堤是河岸大堤，而后向内经过一片开阔地到达缕堤。缕堤是一内堤，建在黄河主流两侧，以约束水流，进而提高水流速度和输沙能力。缕堤上开设水门，待洪水来临时，提起水门以泄水，暂时蓄洪于二堤之间。经过若干年后，新河床还会被水流冲刷而加深，因此保证大堤的安全。后果如王景所设想，当洪水来临时连缕堤都未曾溢出过。

理渠就是治理汴渠。王景开凿了一些引水口，十里一水门。这样，既解决了汴渠注水问题，又使黄河可以分流和分沙，以及削减洪峰。这是人工控制黄河水流的主要措施。正是这一措施保证黄河安流近 800 年。

修筑新堤是一件浩大的工程，王景率民工仅用一年就完成了。这主要是王景考虑到尽量利用旧的沟渠堤埝（niàn，土筑的小堤），特别是百姓自己围筑的民埝尽量加以利用。

永平十三年夏，黄河驯服地进入了大海，汴渠也整治一新。河、渠并行，中间用长堤隔开。

黄河新道开通后，汉明帝亲自乘船行驶在河面上视察。大船彩旗招展。当顺流东下时，天气晴朗，王景陪着皇帝直到无盐（今山东省东平县）。沿途乐队吹吹打打，百姓燃放爆竹，以示庆贺。

明帝巡视之后，非常高兴，并为治河官员大加封赏。王景官升三级，余者官员每人也晋升一级。这正是：

王景治河传千古，黄水安流八百年。

由于王景的治河功绩，他于建初七年（公元 82 年），被任命为徐州刺史，次年又升为庐江太守。王景到任之后，仍关心当地的水利事业。他管辖的地区有中国兴建的第一座人工大水库——芍陂（què bēi，位于今安徽省寿县南）。这是楚庄王时期（公元前 613 年～前 591 年），令尹宰相孙叔敖主持建造。由于长久失修，陂塘已难以发挥其作用。王景带领当地官民加以修复，又带领百姓开垦荒田，利用牛耕，种植水稻，并且教农民种桑养蚕，纺纱织布。真的是五谷丰登，百姓安居乐业。后来王景死在庐江，百姓感其盛德，为他树碑立传。

2000 年前的古地图

　　1974 年 1 月，湖南长沙马王堆 3 号汉墓被打开后，人们惊奇地发现了三幅地图。这座汉墓的棺材下葬年份是汉文帝十二年（公元前 168 年），当然地图的绘制年代必在此之前了，它们是现存最早的地图。

　　三幅地图都画在绢上。第一幅是城邑和园寝图，它的画面不大，且损坏严重，估计是墓主人的墓地和临湘城。第二幅画有山脉、河流、道路和居民地等，是一幅"舆地图"（相当于今天的地形图）；它的内容是汉初长江国南部（今潇水流域一带）和南越王割据的五岭以前地区。第三幅除了地貌情况外，还反映了驻军的情况，是一幅"军阵图"（相当于今天的驻军图），它绘制的内容正是地形图的一部分。

　　地形图和驻军图是西汉王朝为防止南越的袭扰而绘制的。当时南越王经常派兵侵犯长沙国，为此朝廷派兵驻扎在这里，以反击南越军的入侵。

　　地形图是一幅边长为 96 厘米的方形地图，它表示的方位是上南下北左东右西，与现在的规定正好相反。图面包含的范围大约是东经 111°～112°30′，北纬 23°～26°，相当于现在广西全州、灌阳一线以东，湖南新田、广东连线一线以西；北起新田、全州一线，南达广东珠江口外的南海沿海。

　　地形图的比例尺约为 1/170000～1/180000。它的图例是统一的，对于长沙国内的居民地，县府所在地用方框，乡里用圆圈表示；细而径直的线表示道路，粗细变化均匀、弯曲自然的线表示水道。山脉的画法用

地形图（复原图）

闭合的"人字形"山形线，表示山麓轮廓和它的坐落、走向。居民地的记注都在符号里边，水道的记注都在支流的河口处。道路不加记注。水系单用蓝色彩线，非常明显。这可能是由于崇山峻岭之中，交通运输和行军借助水路较为方便，因此水系标记得非常详细，在河流发源处还注上"源"字。

不仅水系标记得详细准确，而且山脉的山体和山谷的走向也很醒目、准确，并且使用了类似等高线的闭合曲线表示地貌，其手法科学、巧妙。国外用等高线表示地貌是 19 世纪才出现的制图技术，比起中国人要晚2000 年。由此可见中国人才智之非凡。

地图在军事上的应用价值也是很明显的。据说，汉武帝时期，淮南王刘安谋反之前，同幕僚密谋就是按照地图来布置进攻线路的。马王堆出土的驻军图的标绘特点也是反映指挥员的作战布置和军事意图的。

驻军图是一张 98 厘米×78 厘米的地图，它采用黑、红、青三色标绘，是目前中国发现最早的彩色地图。驻军图的方位也是上南下北左东右西，同地形图一致。它标绘的位置是地形图的东南部分，比例大约为 8万分之一～10 万分之一左右，比地形图放大了约 1 倍。

　　驻军图是军用地图，它分两层平面。它突出地标记居民地的户数、驻军营地和防区界线等，并用深色表示在第一层面。河流、山脉等地理基础要素用浅色表示在第二层面。分层用色是驻军图的一个主要特点。

　　驻军图中的山脉用黑色标记，水系用浅天青色标记。而军事要塞则分别用黑底套红框标记军队驻地、军事工程等，用红线表示防区界线，红色虚线表示交通道路，红色三角形标示"封"（烽，就是烽火台）。

　　这幅地图包含着大量的军事活动的信息。例如，防区内 9 支部队分两线部署的情况，如何构成警戒阵地，谁来做预备队，如何利用地形。从图上看出长沙国的守备在东南方，部署的部队都充分地利用了地形，并且相互配合，形成了比较稳固的防守体系。

　　驻军图中还标明了防区中的三角形地堡，城堡内有城垣、箭楼、战楼等设施。这座城堡的设计非常科学，也堪称古代军事工程的杰作。指挥部紧靠第二线部队的后侧，距前沿阵地约 30 千米，相当于一天左右的徒步路程，并且接近四条河流的汇合处。指挥部的位置充分利用了有利的地形。它三面环水，一面傍山，交通便利，坚固的垣墙很利于防守。

　　由这份驻军图大致可以推测出，墓主人可能是图上标记的各部队的总指挥官，很可能是长沙国的一员主将。

　　汉墓出土的这两份地图具有极高的价值。特别是地形图，它的绘制水平很高，绘制的手法也非常熟练。例如，河流的粗细和弯曲的变化自然流畅，道路绘制也是一气呵成，并无接笔的痕迹。地形图反映的内容非常准确，由此可以推测，当时的测量水平是很高的。由地形图还可以看出，符号设计合理，并且形象、生动。例如，用矩形和圈形符号分别表示居民地不同的等级；用闭合曲线表示山体，并用月牙形符号表示山体的突出部分，以示突出。

　　总之，这两幅地图反映出的水平是当时世界上任何一个国家的绘图水平都不能与之相比的。

裴秀与"制图六体"

在现代社会环境下，如果要外出，总要习惯地看看地图。地图的种类很多，选择的余地很大。但是在古代，地图实在是一种稀罕物。

在三国时期，由于东汉末的长期战乱，图籍损失很大。据历史记载，魏国就没有全国总图，从现存的文字记载看，也没有军事地图。吴主孙权有志统一天下，就令人制作地图，并且绣制了刺绣地图，使它不易损坏。蜀国地图也未有流传，可能是有的，因为张松见刘备时曾为之画了简图，以指示行军路线；但是并不像戏剧中张松献给刘备一卷现成的地图。

司马氏夺取了曹魏政权，并且统一了全国后，曾组织人员绘制吴蜀地区的地图，同时考虑绘制统一的全国地图。这项任务为颇具才华的裴秀（224年~271年）提供了绝好的机会。

裴秀的祖、父二代都在朝廷做官，并且都做到了尚书令。这使裴秀有了良好的学习环境。他自小就十分好学，8岁就可以写文章了。少年的裴秀就对政治产生了浓厚的兴趣，并且志向高远。据说，有些宾客拜会裴秀的叔父裴徽之后，还要去年青的裴秀那里，听听他的高论。

裴秀的才华受到人们的注意，有人向朝廷的辅佐重臣曹爽推荐了裴秀，曹爽就让他做了一个黄门侍郎，并且袭封了父亲的爵位——清阳亭侯。裴秀少年得志，不免有些自负。他同机械制造专家马钧有些龃龉（jǔ yǔ，意见不合）。其实裴秀对机械工程并不太懂，只是马钧口才不及裴秀，说不过裴秀，而且为了此事，当时著名的文学家傅玄还批评了裴秀。

当时，朝廷的政治斗争很激烈，特别是司马氏与曹氏之间的斗争最为突出。最后，司马懿（179年~251年）铲除了曹爽，把持了朝中大权。裴秀的才能被司马昭（司马懿之子，211年~265年）所赏识，他对裴秀很器重，可谓言听计从，使裴秀在政治上很有作为。

公元265年，司马昭之子司马炎（236年~290年）废魏建立了晋朝，裴秀当上了尚书令，并被封为公爵。后来，裴秀又任司空

裴秀像

（相当于宰相），并兼任地官。由于地官是专管国家地图和户籍的官员，这使他有机会在地图学上取得成就。

遗憾的是，裴秀任地官只有3年就死了。当时崇尚服石，以求长生，他也服用了寒食散，并饮冷酒，结果不治而逝。不过这3年裴秀在地图上的建树，使他得以名垂青史。

裴秀曾主持《禹贡地域图十八篇》的编制工作，协助裴秀的还有他的门客、地理学家京相璠（jīng xiàng fán）。这部地图集是中国见于文字记载的最早的一部地图集。它编绘于泰始四年至七年（268年~271年），完成后保存入档，并复制了一些抄本。

这些地图流传的时间并不长，到隋代就基本上失传了。但是，裴秀为《禹贡地域图十八篇》作的序文却流传了下来，这是地图学史上的一大幸事。

古代绘制地图不用比例尺，或比例不严格，有一定的随意性。有些地区的面积较大，人口较少，它反映在图上的面积就很小；有些地区的面积不大，人口较多，它在图上的面积却很大、很详细。这些就使得图记与实地比起来产生了较大的失真。为此裴秀指出，绘制地图要遵循六条原则：分率、准望、道里、高下、方邪（xié，意斜）和迂直。所谓分率就是要设定比例尺；准望则要求确定方位；道里就是要准确表示物与物之间的距离；高下就是指相对高度（类似今天的海拔高度）；方邪就是地面的坡度起伏；迂直是把实际地形中高低起伏的距离换算成平面图上的距离。裴秀把这六条原则称作"制图六体"。

"制图六体"在地图绘制中具有重要的意义。一般来说，编制地图必须要有比例尺，否则，就无法进行实地和图面距离的比较和测量。有了比例尺，如果方位定不准，仍然会造成很大的误差。对于"道里"，这也是查阅地图的人最为重视的，它往往是地图上要表示的最重要的参数之一。对于高程差、坡度变化、山峰的高度都保证了地图的精确程度。

"制图六体"是裴秀绘制《禹贡地域图》的指导原则。在绘制这些地图时，设计了比例尺，隋代建筑学家宇文恺（555 年～612 年）可能看到过这些地图。他说，裴秀设置的比例是"以二寸为一千里"，折合成今天的尺度就是 1∶9 000 000。裴秀还将某一地区的古名称和今名称并绘其上，可以比较地名的变迁。

从"制图六体"可以看出，施行如此复杂的原则需要水平较高的数学和物理学的方法。由于要设置比例尺和标明里程，要应用一些几何学的知识，如相似三角形、角度、勾股定理。同时，由于要确定方位，要使用磁性"司南杓"（sháo，同勺）。这些测量方法和工具当时都已经具备了。这说明，当时地图的制作已经把其他学科的方法和工具利用起来了。当然这只是成功的经验。

其实，当时也有失败的教训要引起后人的注意。东汉时，张衡（公元 78 年～139 年）等人已提出了浑天说，这种学说否认了大地的平面性，认为"地如卵中黄"，张衡还绘有《地形图》一卷。遗憾的是，裴秀（也包括京相璠）对这些新理论未曾注意到，而仍以天圆地方的旧说为基础。否则，裴秀的地图学说会更全面一些。

尽管如此，裴秀的"制图六体"一直是后世制图学的基本原则，为古代地图的制作打下了坚实的理论基础，使地图绘制有章可循。清代学者胡渭对"六体"评价很高，认为这是"三代之绝学，裴氏继之于秦汉之后，著为图说，神解妙合。"

开辟"丝路"话张骞

神秘的西域

"西域"是中国人对中国西部及其以外国家和地区的总称。随着时代的变迁，它的含义也发生着变化。西汉时期，西域包括新疆地区和更西部的地区。

同西域的商贸往来并不是件容易事，因为新疆地区不是山脉就是沙漠和戈壁。北边有蜿蜒曲折的阿尔泰山，南边有莽莽无际的昆仑山，中央还横着天山。天山南北各有一个盆地：塔里木盆地和准噶尔盆地。最为骇人的还是塔里木盆地，它西枕葱岭（今帕米尔高原），东接盐泽（今罗布泊），盆地中还有一望无际的塔克拉玛干大沙漠。塔里木河从沙漠贯穿而过，带来了一脉生气。西汉王朝欲结交西域，以对付匈奴。

由于西域是一个多民族共存的地区，各民族都建立了自己的"城邦"。秦末汉初，特别是楚汉战争期间（公元前206～前202年），北方匈奴冒顿（mò dùn）单于（chányú，意思是"君主"）乘机扩张地盘，先后征服中国周边许多地区，甚

张骞

205

至南下直侵中国边境。汉高祖七年（公元前 200 年），冒顿单于围攻晋阳（今山西省太原市），高祖刘邦亲率 30 万大军迎击，结果在平城白登山（今山西大同东南）被匈奴骑兵围困了七天七夜，刘邦本人险些丧命。汉文帝时，匈奴也曾大肆进攻，几乎打到国都长安。经过"文景之治"的汉武帝时期，国力日渐强盛，于是，朝廷决定彻底打败匈奴，永绝后患。

张骞挺身而出

汉武帝刘彻从匈奴俘虏那里得到一个偶然的信息，西部的大月氏很强悍，素来不听匈奴的号令。为此，汉武帝决定寻求大月氏做自己的军事盟友，以共同抗击匈奴。

为了同大月氏取得联系，汉武帝决定派一名外交使者到西域访问。这时一位名叫张骞（？～公元前 114 年）的小官挺身而出，承担了这个重要使命。张骞带领 100 多人向西进发。这次出使西域是中国人第一次西方探险活动。

不幸的是，张骞一行人刚进入河西走廊就被匈奴的骑兵俘虏了，并把他们关押在匈奴王庭（今内蒙古呼和浩特市一带），一拘留就是 10 年。尽管匈奴人威逼利诱，张骞心中始终不忘自己的使命。

元光六年（公元前 129 年），张骞带着向导逃出了匈奴地区。先到达大宛（今乌兹别克共和国的费尔干纳盆地）。大宛王盛情款待了张骞，并将他送到邻国。最后，张骞到达大月氏。由于形势发生了变化，张骞同大月氏没有达成共同抗击匈奴的协议。这时，张骞决定回国。

由于防备匈奴，他们不走来时的"北道"，而是走"南道"回国。但还是被匈奴俘获，滞留了一年后，他们乘匈奴内乱才回到汉朝。这样，张骞第一次到达西域，耗时长且历经风险，却未完成使命。出发时的 100

多人，这时只剩下张骞和他的向导两人。

第一次出使西域最大的收获是实地勘察了交通路线，并且了解到西域的情况。除了他实际到达的大宛、康居（今乌兹别克和塔吉克境内）、大月氏和大夏（今阿富汗北部），还知道别的一些国家的情况，如安息（今伊朗，古代也称波斯）、条支（也叫大食，今伊拉克）、身毒（yuán dú 今印度）等国家。

汉武帝非常满意张骞提供的这些情报，并加封张骞为太中大夫，他的向导被封为"奉使君"。

张骞回国后，形势变化很大。尽管与匈奴战争的胜负未见分晓，但是汉军已取得一些胜利。张骞也参加了征伐匈奴的军事行动，为汉军指示行军路线，特别是水源和草地。这为汉军取胜创造了良好的条件。由于张骞的功劳，汉武帝又加封他为"博望侯"。

未能穿过西南走到印度

这时的匈奴仍把守西域要道。张骞想起，在大夏时，他看到中国产的蜀布和邛（qióng）竹杖。他问大夏人，这些东西怎样带过来的？大夏人告诉他，是从身毒买来的。大夏人还告诉他，身毒在大夏南数千里，靠近大海。张骞认为，身毒有蜀产物品，应有一条连接中国和身毒的道路。

张骞回国后把这些见闻告诉汉武帝，汉武帝对此很感兴趣。元狩元年（公元前122年），张骞决定穿过西南地区到身毒，再转而达大夏。汉武帝批准了这一计划，并分几路并进。但是，几路汉使都未到达身毒，最远者只到了昆明（今云南大理）。据说，由于西南地区长期封闭，滇国和夜郎国对外界了解很少。两位国王都问过类似的问题：他们的国家与汉相比哪个更大？因此也就有了"夜郎自大"的成语。

通往身毒的路线未能找到，但是实际上从四川和云南通往缅甸和印度的路线是存在的，张骞的判断是对的。

第二次出使西域

元狩四年（公元前 119 年），汉军取得对匈奴作战的决定性胜利后，张骞又向汉武帝建议出使西域，特别是将匈奴占据的原乌孙地区归还给乌孙（今伊犁河、伊塞克湖一带），并与乌孙通婚。通过与乌孙联盟，进而影响别的西域国家。汉武帝采纳了这个建议，并令张骞率 300 多人，携带金币、丝绸等贵重物品，以及万余头牛羊，进发西域。

张骞到达乌孙时，乌孙正因为王位继承问题而闹纠纷。张骞向乌孙王转达了汉武帝的意旨，劝他们东迁故地和汉朝共击匈奴，但是乌孙王未定下来。这样，张骞派副使到大宛、康居、大月氏、大夏、安息和身毒等地。他则带着乌孙王的特使数十人回到了长安。

回国后的第二年（元鼎三年，公元前 114 年），张骞便去世了。然而，张骞开创的事业并未中断。张骞的副使在各国的使者陪同下回到了长安，并同汉朝建立了友好的关系。乌孙也同汉朝建立了友好的关系。

汉宣帝时（公元前 73～前 49 年），匈奴借乌孙同汉朝修好为由进攻乌孙。乌孙王向汉宣帝求救。为此，汉宣帝派出 10 余万骑兵，同乌孙合攻匈奴，使匈奴损失几万人和几十万头牲畜。神爵二年（公元前 60 年），匈奴王归顺了汉朝，为此汉朝设置西域都护府，官衙设在西域中心乌垒城（今新疆轮台东），任命西域都护统辖乌孙、康居等 36 国，从此"汉之号令颁西域"。

通西域的成果

在两次出使西域期间，张骞历尽千辛万苦，他和他的副手先后到达阿富汗、印度、伊朗、阿拉伯半岛和里海之滨，建立同西域诸国的友好关系。同时，张骞为开辟交通路线做出了重要的贡献。第一次出使西域时，张骞先走"北道"：到达陇西，进入河西走廊，过酒泉、敦煌，出玉门关，到车师（今新疆吐鲁番盆地），穿过天山南北的交通孔道到焉耆（今新疆焉耆），溯塔里木河西行过龟兹（qiú cí，今新疆库车东）、疏勒（今新疆喀什），翻越葱岭，到达大宛，后又到达大月氏。回长安时，张骞选择了"南道"：从大月氏出发，翻过葱岭，沿昆仑山北麓向东走，经过莎车（今新疆莎车）、于阗（今新疆和田）、鄯善（今新疆若羌），进入羌人居住区，到达陇西。

西汉末年，张骞又开辟了一条新道：从敦煌向北走取道伊吾（今新疆哈密），翻越博格达山，经车师后国（今新疆吉木萨尔），再沿天山北麓向西，到达乌孙。这条路线也称"新北道"。东汉时，汉使甘英曾达西海（今波斯湾）沿岸，已知道西达罗马的路线了。

张骞不仅意志顽强，性格坚毅，而且待人宽厚，胸襟开阔，他从不以"凿空（开通）西域"来炫耀。西域人对他十分爱戴和崇敬，以至于把出使西域的汉使都称作"博望侯"。

张骞之后，西域与汉朝的交往日渐频繁，西域文化得到汉朝的好评。汉宣帝曾组织一些官员学习乌孙语言。据说来自西域的"眩人"可以表演杂技，那吞刀吐火、自解自缚的技巧受到人们的赞扬。方圆三百里的人们都到长安观看，可谓观者如云，盛况空前。各国使者参观长安也大大开阔了眼界，许多西域的贵族子弟也到长安学习。

双方的交流更多表现在商贸往来。由于中国盛产丝绸，中国因此被称作"丝国"，长安则称为"丝都"。张骞出使西域后，大量丝绸外运。

波斯既是大量丝绸的消费者，同时又担任向罗马贩运丝绸的中转者。因此，这条路线被称作"丝绸之路"（简称"丝路"）。

丝路还把大量的铁器运往西方。一些逃亡的汉朝士卒还教会大宛人和安息人铸造兵器，并带去"黄白金"（铜锡合金）。此外，养蚕术、漆器、桃、李、杏也传到西域，农业的井渠法在大宛流行，并传到整个西域地区。

几位公主远嫁乌孙，带去了许多丝织品和珍宝，她们还带去许多乐器和乐人。甚至莎车国还把汉家朝廷礼仪照搬过来加以模仿。

与此同时，汉使也从西域带来大量的当地特产，如葡萄、苜蓿（mù xu）、胡桃（核桃）、石榴、胡麻（芝麻）、胡豆（蚕豆）、胡瓜（黄瓜）、胡蒜（大蒜）、胡萝卜等。这些东西被大量种植，已成为中国人的日常食品了。此外，西方的毛织品和毛皮也在长安的市场上十分走俏，名马、狮子、骆驼、安息雀（驼鸟）的大量输入，特别是西域的音乐、舞蹈、杂技、绘画、雕塑，对中国文化产生了巨大的影响。

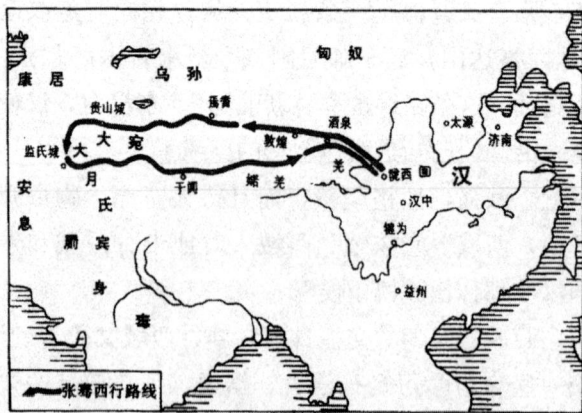

张骞通西域图

丝绸之路是世界上最长的商路，全长 7000 多千米。张骞之后，又经中外商人的扩展延伸，从首都长安，经西域诸国：大月氏、安息、条支到大秦（罗马帝国）。到唐代，丝绸之路又从埃及的开罗沿北非地中海沿岸，直达西班牙和葡萄牙。这样，丝路成为连接欧亚非的交通大动脉，为促进西亚、北非和欧洲的经济与文化交流发挥了重要作用。除张骞之外，晋代的法显（342年～420年）和唐代的玄奘（xuán zàng，600年～604年）也为丝路的开辟做出了贡献。

最早的取经者

东汉明帝时（58 年～76 年在位），佛教传入中国。历史上有"白马驮经"的传说，洛阳"白马"寺之名就源于此。到魏晋南北朝时，佛教兴盛，虔诚的佛教徒都向往佛教圣地，不少教徒相继去天竺（tian zhú，今印度）朝圣取经。这其中最早到天竺取经朝圣的高僧便是闻名中外的旅行家和地理学家法显。

法显俗姓龚（gōng）。他是平阳郡武阳（今山西临汾）人，出生年代约为东晋咸康八年（342 年）。幼时因三个哥哥都在童年去世，父母为使他避过灾难，3 岁时就把他送入寺庙做了小和尚。

当和尚不过是父母的权宜之计，过后还俗并不是不行。可是随着年龄增长，法显出家的信念愈坚。叔父曾逼他还俗，被法显拒绝了。20 岁时法显受了大戒，终身侍奉神佛，研究经典。

东晋时期，佛教传播已很广泛，统治阶级利用佛教麻醉和欺骗老百姓，以维护它的统治。高级僧侣阶层也利用佛教徒的热情，不仅招纳佃客（diàn kè，无地农民）种植寺田，而且搞高利盘剥，过着穷奢（shé）极欲的生活。此外，佛教的发展对经书的编译工作提出了较高的要求，但有些僧侣还各自为政，对于寺院制度的建立和健全产生了不利影响。

法显的志向很高，且聪明正直，严守教规。虽然出家已有 30 多年了，但是对佛教徒的信仰和宗教生活状况颇为不满。特别是在研究经典时，颇感"律藏残缺"。为此他下定决心，到天竺去，取经求法。

隆安三年（399 年）春，法显从长安登上了"丝绸之路"，同去的还

法显取经路上

有慧景、道整、慧应和慧嵬（hùi wéi）等 4 位僧人。

5 个人向西进发，第二年到达张掖（今属甘肃）。这时有智严、慧简、僧绍、宝云和僧景 5 人加入一同西行，后来又有慧达参加，共计 11 人同去天竺。

过了敦煌，不仅地形险阻重重，而且气候变化无常。他们进入了"沙河"，这就是著名的白龙堆大沙漠，它向西延伸到罗布泊。由于沙粒极细，稍起微风便尘土飞扬。上无飞鸟，下无走兽，只能靠地上的尸骨找寻路径。这样，走了 17 个昼夜，750 千米路，他们才走出"死亡之海"。

一路上，他们经过一些国家，由于他们遇到不同的教派有时还不免受到冷遇。然而，更困难的是通过塔克拉玛干大沙漠（也叫塔里木沙漠，意思是"进去出不来"），走了 30 多天，才苦苦地熬出这艰难的境地。

接着，他们到达了于阗（今新疆和田）。这里是一片著名的绿洲，林木茂盛，水草丰殷。做了 3 个月的佛事考察之后，他们又踏上征途。

他们翻越葱岭（今帕米尔高原），只见群峰林立直插云霄，地势极为险峻，加上天气严寒，大雪弥漫，越过此地的困难就可想而知了。

越过葱岭，他们便进入了天竺。他们先到达弗楼沙国（今巴基斯坦白沙瓦），这里是北天竺的佛教中心。参访了当地的佛教胜迹之后，有三人决意回国，一人病死天竺。中途因为觅食，已有几人先期返回筹资。这样尚有法显、慧景、道整三人决心继续南下。在翻越小雪山时，道整因故暂时离开。

过小雪山唯一通道是苏纳曼山主峰附近的山口，它海拔有 5000 米左右，长年积雪冰封。过此山口时，由于慧景经不住高原寒风侵袭而口吐白沫躺倒在地。他握住法显的手，口中喃喃："我活不了了，可你定要继续前进。不要在此等死，赶快离开此地。"说完就咽气了。

法显强忍悲伤，又继续行进，终于越过了小雪山。后来，他与道整重新会合，一起进入中天竺。

中天竺的佛教胜迹很多。他们俩在此花了 4 年时间考察佛教的名胜。他们在拘萨罗国（今印度巴赖奇附近）舍卫城的佛教圣地祇洹（qí huán）精舍，这里曾是佛祖释迦牟尼生活时间最长的地方。面对胜景，法显想到他们竟是头一个来此瞻仰的中国人，心中极感荣幸。

在中天竺访求胜迹时，法显和道整常分开独自考察。当时的许多地方没有人烟，是虎狼出没之地。法显到了迦维罗城（今尼泊尔南部），这里是净饭王的故国，释迦牟尼的出生地。法显来此朝拜时，这里已是萧瑟荒芜之地了，常有白象和狮子出没。他不顾危险，遍访了当地所有的佛教胜迹和遗址。据说，法显独宿山间时曾遇到过狮子。

法显到达摩竭提国巴连弗邑（今印度巴特那），这里是古印度著名的阿育王的故都，佛教兴盛。当时印度最大的佛教寺院和最高的佛教学府就在这里，印度各地求学者都到这里学习。法显住了 3 年，刻苦学习梵书梵语，翻阅了大量的佛学经典，佛学水平得到了提高。

尽管法显得到极大的收获，但是他仍不满足，他决心去南天竺和东天竺游学。这时，已深感满足的道整与法显分手了。

　　法显先去了恒河三角洲的多摩梨帝国（今印度泰姆鲁克），释迦牟尼曾来此讲经。法显在此又住了两年，终日抄写经文和描绘佛像。

　　接着，法显乘船渡过孟加拉湾，到达狮子国（今斯里兰卡），在此停留了两年，又得到不少罕见的经典。

　　到此，法显已离开祖国 12 年了。他无时不在想念祖国。据他回忆说，他在狮子国看到一把中国产的白绢扇子，勾起了他无限的感慨。这样，他决定回国，并且选择了海路。

　　法显于义熙七年（411 年）乘上一艘商船东归。由于当时导航技术很原始，只能靠"望日月星宿而进"。走了两天后出了事故，船只发生漏水。他们只得上了一只救生小船，漂泊了 90 天后，到达耶婆提国（今印度尼西亚苏门答腊）。在此停留了 2 个月，改乘去广州的商船。途中又遇"黑风暴雨"，船只漂过台湾海峡、长江口，到了青州长广郡（今山东即墨）的牢山（今青岛崂山）。当他们看到大白菜后，才知道回到了祖国。

　　当时，长广郡太守李嶷（li yi）听说法显从国外取经归国，特派人迎接法显到官衙。第二年夏天，法显经彭城（今江苏徐州），到了东晋首都建康（今江苏南京）。

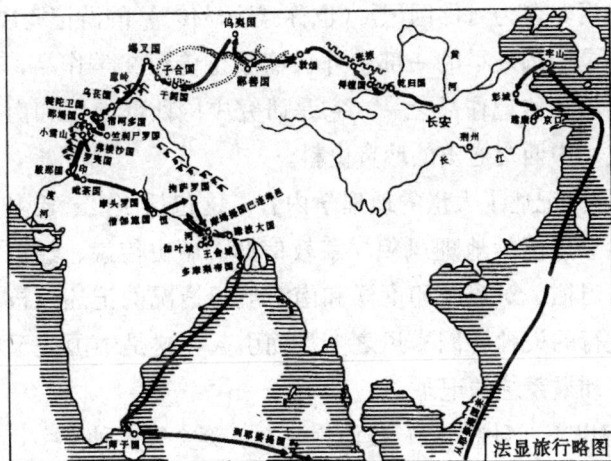

法显取经路线图

法显历经 13 年，途经中国西北地区、阿富汗、克什米尔、巴基斯坦、印度、尼泊尔、斯里兰卡、印度尼西亚等 8 个国家和地区，完成了一次亚洲大陆的旅行。他在交通原始和缺乏地理知识的条件下，完成了如此艰险的旅程，真不愧为一位伟大的探险家和旅行家。他是中国由陆地去印度，由海路返国的第一个取经者。

著名的近代历史学家梁启超曾评价法显是"我国人之至印度者，此为第一"。斯里兰卡和印度尼西亚的学者也盛赞法显的壮举，认为法显是第一个访问斯里兰卡和印度尼西亚的中国人。

法显回国后，在建康着手译经，在天竺禅师佛陀跋陀罗（汉名觉贤）的帮助下，译出了 6 部 63 卷、100 万言的经书。后来，法显又到荆州（今湖北江陵）的辛寺，不久就病逝于此处，享年 81 岁。

法显访问天竺归国后，除了自己译经之外，还着手撰写佛学著作，进而刺激了整个佛学界对佛经的编译工作。这不仅对佛教的发展产生了积极作用，同时，随着佛教的发展，印度文化对中国的文学、哲学、历史、地理、艺术、医学的发展也产生了有益的影响，丰富了中国的文化。

除了译经之外，法显还应朋友之邀，着手撰写一部有关旅行见闻的书。两年之后，名为《佛国记》（也称《法显传》）的游记完成了。

这部书是中国最早的一部中外长篇旅行传记文学作品，也是世界上最早的长篇旅行传记作品之一。它是研究中国西部地区和南亚各国中古史、佛教史、中西交通史的珍贵史料。

《佛国记》记述了大量的地理学内容，这包括印度、巴基斯坦、阿富汗和斯里兰卡等国的地理风貌、宗教信仰、历史传说、经济制度、社会文化和风俗习惯。对当时印度洋和南海航行情况的记述也极有价值，特别是他们航行的失败皆因季风之变换而引起，这是中国关于信风和南洋航行的最早和最系统的记录。

19 世纪以来，《佛国记》被译为法文、英文等多种文字，各国学者都十分重视它的学术价值。足见法显为中外文化交流的贡献之巨。

防腐学上的奇迹

1972年3月，湖南长沙马王堆1号汉墓开始发掘。7月，新华社播发了一条消息：长沙市郊出土一座2100多年前的古墓。其中最惊人的发现是，墓中的女尸保存完好。

古尸能保存上千年的情况并不少见，如埃及古墓中的木乃依。但是，木乃依是干尸，而马王堆出土的女尸却是在湿环境下保存下来的。它的技术难度非常大，即使在现代条件下，做到这一点也极为不易。

1968年，在河北满城发掘的窦绾（dòuwǎn）墓中，发现西汉中山靖王刘胜夫妻穿的"金缕玉衣"，尸骨已荡然无存。古人认为，玉衣可以寒尸，并使尸体不腐坏，当然这是一种不可信的神话。

历史上曾有关于尸体在湿环境下保存上百年甚至上千年的记载，但是人们都认为是一种无聊的夸张，并未加以认真地对待。这次西汉女尸的出土才引起人们的注意，并且开始对此进行分析。

女尸长1.54米，重34.3千克。除了眼球突出眼眶外，口张开，舌稍露出，直肠垂脱等死后早期腐败现象，女尸几乎与新鲜尸体差不多。它的四肢关节可稍微弯动，大部分毛发仍保留。头上还装饰有假发，黑且粗，真发黑中带黄、细而疏，用力牵拉还难于脱落。皮下脂肪丰富，呈黄色或黄褐色。身上许多部位的软组织较为丰满，柔软且有弹性。出土之后，为尸体注射防腐剂时，软组织还随之鼓起，并且逐渐扩散。用X射线检查，可见全身骨骼完整，两侧对称，极为细小的骨骼尚能分辨。

当打开脑颅时，看到脑膜尚好，脑子已散碎得像"豆腐渣"似的。

胸腔和腹腔内的器官保持了较好的外形，如心、肝、胆囊、胆管、肺、气管、胰腺、脾、胃、食管、肠管、肾、沁尿系统、子宫等器官虽然有所缩小，但是相互位置基本不变。此外，极易腐坏的淋巴管也保存得很好，甚至像头发丝一样细小的肺部迷走神经丝还历历可见。在食管内发现一粒红褐色的甜瓜子，在肠胃内又发现 130 多粒。

这位女主人死亡年龄约 50 岁。病理分析，她患有严重的冠心病、全身性动脉粥样硬化症、多发性胆石症、骨质增生病和血吸虫病等。由于在她的消化道内发现甜瓜子，估计死亡时间是瓜熟的季节。从死者握着的药包和竹笥（si）中发现了香料草药辛夷、茅香、桂皮、花椒、干姜、高良姜，古代用此医治寒痹（bì）症，加上病理分析可知，死者可能因胆绞痛合并冠心病发作而致死。

1 号汉墓出土的女尸不同于木乃依，也不同于表面像蜡制模型躯壳的"尸蜡"，并且不同于皮肤呈皮革状的、骨质已钙化的"鞣（róu）尸"。为此，中国科学工作者把它单独分出一类——"湿尸"，并且命名为"马王堆尸"。

女尸为何不朽？这是现代科技工作者研究的一个课题，这个课题具有现实意义。

从现代科学分析来看，防腐的条件主要有两个：改变和破坏腐败细菌的生存条件，使之无法生存；使用防腐药物杀灭这些细菌。从发掘过程来看，古尸得以保存下来的原因主要是：密闭深埋形成一个缺氧的环境，同时棺液的湿润和抑制细菌繁殖也起了作用。

由于墓室侧面填满白泥膏，顶面铺木炭，加上穴坑四周的红土（长沙俗称朱加子土）渗水能力很差；墓底已接近石沙层，排水性能好；再加上墓室温度（18℃）差不多是恒温的，以及缺氧（都被易腐的鱼和肉消耗完了）的条件，使尸体保存具有良好的环境。

除了外部环境之外，女尸葬埋之前也采取了不少防腐措施。一般来说，贵族死后，按照礼制要用香草熬制的香汤和药酒沐浴，使它香美而无秽。此外还要严密裹尸。马王堆的女尸全身包裹着丝绸衣服、衾（qīn）

被和丝麻织物约 20 层，外面还用 9 道绸带捆扎，面部覆以面罩。这样做可以防止昆虫侵入口鼻等部位产卵生蛆，对阻止尸体早期腐烂有一定作用。

古代礼制规定："诸侯五日而殡，五月而葬。"可见墓室女主人可能是 5 天入棺，她的棺材内外都刷了漆，盖口用胶漆封好，并且用了 4 层棺椁（guǒ），使尸体基本上处在密闭条件。由于缺氧，尸体腐坏速度很慢。

打开棺椁时，发现棺中有一些棺液。棺液重约 80 千克。后经测量和化验，它的密度略大于 1 克/厘米^3，pH 值为 5.18（呈酸性），含酒精 11%，醋酸 1.03% 和别的有机酸，沉淀物和悬浮物中含有大量的朱砂（硫化汞），有较强的抑制蛋白水解酶的作用和少许抑菌作用。这种液体不仅保持尸体湿润，而且防止腐败。

外部环境和内部作用使这具女尸历经 2100 余年而不腐，在世界防腐技术中可谓独树一帜。

无独有偶，1975 年，中国考古工作者在湖北江陵凤凰山的一座汉墓中又发现了一具男尸，它葬于公元前 167 年，与马王堆女尸的时间差不多。这具男尸也是浸泡在绛（jiàng）红色的棺液中，防腐措施也类似于马王堆的女尸。由此可见，西汉时期的防腐技术是卓绝超伦的。

最早作诊病记录的人

西汉初年，在山东临淄（lín zī，古写作临菑），齐王的封地——齐国中，有一位太仓长（管理国家仓库的负责官员），名字叫淳于意（约公元前215年～前150年）。由于他当太仓长，人们就尊称他为"太仓公"（或简称"仓公"）。

淳于意自幼爱好医学，后来从师学习，终成名医，司马迁在《史记》中专为他作传留名。

最初，他主要是自学医道。后来听说公孙光有不少古代验方，就前去拜师。公孙光很喜欢这个聪明好学的年轻人，悉心指教他。淳于意把老师讲的知识都一一记录下来，并时时温习这些内容。不久之后，老师的知识都传授完了，但是淳于意还不满意。这样，公孙光便对淳于意说道："我要教的东西都告诉你了。"淳于意为了学得更扎实些，反复同老师讨论医道和用药的知识。淳于意的见解常有独到之处，这深受老师的喜爱。为了使淳于意学到更多的东西，公孙光就向淳于意推荐了另一位老师——公乘阳庆。

公乘阳庆的家很富有，不爱行医，所以人们对他知之甚少。他已经70多岁了，觉得满腹医道未曾传授，实在可惜。公孙光向他推荐了淳于意，正合他意。淳于意对公乘阳庆非常尊重，虚心好学，公乘阳庆很喜欢他。有一次，公乘阳庆对淳于意不客气地说道："你学的那些内容不怎么样，不要学了。我有些医书是古代黄帝、扁鹊等人秘传下来的，内容精要，这些秘书都传给你吧！"扁鹊是古代有名的医生，据说有"起死回生"之术，这使得淳于意受宠若惊。从此，淳于意更加刻苦地学习这些医书，细心体会，并且反复请教老师。跟着老师学了三年，淳于意可以给人诊病了。这时老师便让他自谋生路，有意思的是，临走之时，他对淳于意说："千万不要让我的儿孙们知道你接受了我的秘方。"

由于淳于意得到两位老师的指点，行医不久，就小有名气了。这时许多诸侯都想把淳于意留在身边，为他一人或一家服务。淳于意当时也很想多结交诸侯。由于同齐王刘则的关系不好，他就离开了齐国，周游天下。这一期间，齐王得了一种怪病，无良医调治，终于死了。齐王的家族倚仗势力，竟去惊动汉文帝刘桓，把淳于意投入大狱。

告了御状，官司就大了，为此汉文帝把淳于意解往长安。淳于意很悲伤，尤其是家无男儿，五个女儿难以帮助他，这使他更加悲伤。他的小女儿叫缇萦（tí yíng），决心随父入京，照顾父亲，并且上书汉文帝，表示愿做官家奴婢，以替父赎罪，给父亲一个改过自新的机会。

淳于意竟有如此奇女，使汉文帝颇受感动，产生了怜悯（mǐn）之情，给予了特赦。

从此之后，淳于意更加认真行医，并对治病的过程加以记录。流传至今的医案有 25 个病例。记录的项目有患者的姓名、居处、职业或职位、主诉或病状、诊断病症名、处理方法或开具药方，有些病案还兼述病因的说明或病理的探讨。这些病案无疑是世界上最早的、较为完整的医案，是世界医学史上的珍贵史料。

有一次，淳于意为一女子诊断，她病得很厉害，肚子很大，曾找过几个医生看病，都说难以医治，必死无疑。淳于意诊脉之后，认为是肚中蛲虫作怪。他为她开方，服用芫（yuán）花后，果然泻出蛲虫数升。调养一段时间后，她的病就完全好了。

又一次，一位大夫（官职）龋（qǔ）齿很厉害，俗称牙长了虫子。他为病人开方，让病人每天用苦参汤漱口。几天之后，病人的病就好了。淳于意认为，病人有个不好的习惯，饮食后不漱口，因此招致此病。

淳于意对高烧不退的病人，除了服用药物之外，他还采用了一种新

淳于意写医案

方法，用凉水"跗其头"。这种物理降温的办法，虽说不一定是淳于意首创，但至少可以说在 2000 多年前，中国古代医生就已会使用物理降温的方法了。

淳于意在脉学上的贡献很大，他的医案中提到了 20 多种脉象，其中多数脉象在晋代王叔和（170 年～255 年）的《脉经》一书中出现。淳于意实为中国古代脉学方法诊断学的重要开拓者之一。因此，有人认为，重要的医学经典《难经》一书可能就是淳于意所作。

在医案中，淳于意还记载了一些失败的诊治。一位不避讳（huì）失败的医生，在医学史上也是少见的。这充分体现了他那高尚的医德。

"医宗之圣"张仲景

太守医生

汉朝遴选官吏，通常是推荐一些行为端正、有学问的人，这种制度叫"举孝廉"。东汉末，在南阳郡涅阳（今河南南阳县）有一名医生被人们推举为"孝廉"。为此他被任命为"长沙太守"。他的名字叫张机，字仲景，以字行世。

这位太守的官运并不好。当时的世道并不太平，战乱、饥荒和瘟疫搞得民不聊生。为官一任，不能造福一方，张仲景只得像一个民间郎中，身挎药囊为患者消灾去病，甚至还带着他的徒弟上山采药，煎制丸散制剂，以备不时之需。由于他的医术高明，并且对待病人态度和蔼，诊脉细心，病人都愿意找这位"父母官"。

张仲景是一位饱学之士，少时读了很多书。当他读到扁鹊治病的事迹时，他就感到，百姓需要医生，特别是需要像扁鹊这样的医生。为此，张仲景决心要当像扁鹊这样的医生。

当时，在家乡有一位远近闻名的老医生，名字叫张伯祖。张仲景决定拜他为师，张伯祖见张仲景诚心学医，就收下了这个徒弟。在学习期间，张仲景领悟到深奥的医道，并显示出很好的天赋，张伯祖对他的指导更加认真，倾其所有而教之。

医圣张仲景

由于张仲景学习刻苦，很快就具备了医生挂牌开业的资格。他为患者看病是极为认真的，加上他那高超的医术，人们就推荐他为"孝廉"，做长沙太守。

张仲景做了太守后，对官场的黑暗深恶痛绝。后来，瘟疫流行，他及时组织防疫工作。正在这时，家乡的亲人为他带来了噩（è）耗。

这次瘟疫流行面广，来势凶猛。张氏宗族已有2/3的人死去，原来的200多人，只剩几十人了。这使张仲景十分悲痛，身为医生的他不能为亲人尽责，是多么令人遗憾啊！

张仲景转念一想，如今做官太难了。眼下家乡又遭了难，不如归去，制服瘟疫，为家乡父老解除痛苦。决心一下，张仲景递上辞呈，便挂冠而去。

一路上，张仲景看到，由于连年战火，百姓不得安宁，再加上这场瘟疫，更是雪上加霜，人们背井离乡，四处逃难。特别是中原地区，一直是各种势力在政治和军事上角逐的主要战场，百姓受苦尤甚于其他地区。

所谓瘟疫，按当时的话说就是"伤寒病"，通常是霍乱、痢疾、肺炎和流行性感冒的统称。这些病发病急，病情重，并且发展快。如果得不到及时诊断和治疗，短时间就会死亡，以致有"朝病夕死"之说。张氏宗族就是染上了"伤寒"才在这么短的时间内死了很多人。

辨证施治

    回到家乡，张仲景终日出诊，比做官时还要忙。有一天，一位外地人找到他，说他的两个同伴病倒在客店里了。张仲景背上药囊赶到客店，一问，他们因下雨淋湿，着凉了。张仲景看他们四肢无力，且头疼发烧，病得不轻。不过，凭他以往的经验，发汗退烧就可以痊愈了。这样，他就给他们俩开了两剂"麻黄汤"。

    第二天，张仲景又来到客店问诊。只见一位患者已经坐起来吃饭了，

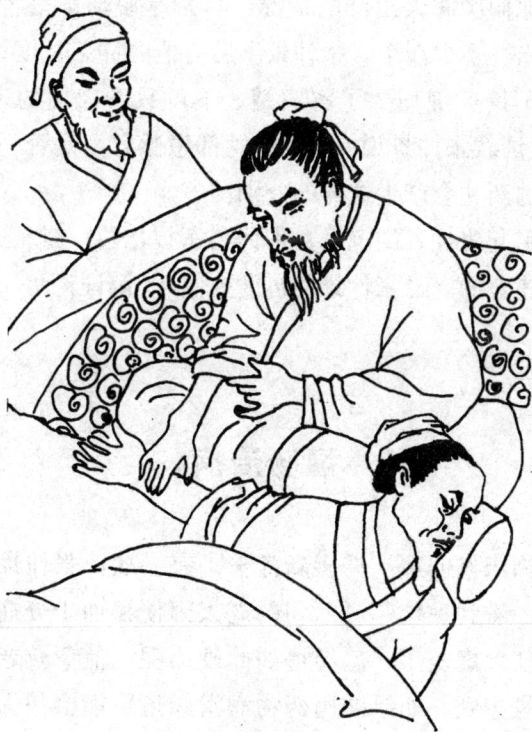

张仲景诊病图

精神也好得多了。他见到医生非常高兴地说道："我吃药后，发了一夜汗，病就好了一半。"可是他的病友却仍躺在炕上，病未见减轻，偶尔还听到呻吟一两声。这是怎么回事呢？一样的病，一样的药，疗效却相差如此之大？那么，这果真是同一种病吗？

张仲景又进一步问诊，病情重的患者回答也没有太大的区别。张仲景陷入了沉思，他仔细地比较两位患者的病态。他想起了为二人诊脉时，一人手上有汗，一人手上没有汗。由此才悟出：汗是问题的关键，服用麻黄汤，可解表发汗，对没出汗的人自然是适宜的；但是对出了很多汗的人则不适宜，他已出了很多汗，再发汗就会造成虚脱，病情不但不能减轻，而且还要加重。

张仲景问他们俩昨天出汗的情况，特别是服药前是否出过汗。病重的人讲，他已出过不少汗了。张仲景事后对他的徒弟杜度说道："看病时要十分小心，不论巨细均要了解清楚，不可只看表面的现象就下结论、就下药。"杜度请教张仲景说："他们俩都患感冒，是否一个实症，一个虚症，用同样的药才会产生这样的差别？"

杜度的话引起张仲景的沉思。古代名医提出过"辩证论治"的原则，这是万万不能违背的。经张仲景的再度提倡，"辩证论治"成为历代医家谨遵的原则。

灌肠治病

张仲景在临床上创造了许多新疗法。有一次，张仲景的另一名徒弟卫汛外出巡诊，看到一位年过六旬的老人因便秘而十分痛苦。一般通便用泻药，可是他太虚弱了，怎经得如此硬泻呢？他请教老师如何处置这种病人。张仲景想到，如果能用药物润滑肠道可能会使大便通畅。用什么药呢？正在百思不得其解时，他偶然地一瞥，看到一个蜂巢，一群蜜蜂嗡嗡飞起。他突然想到，蜜蜂酿的蜜不是正好可以用于润滑肠道吗？！

他让卫汛取来蜂蜜,盛在一个铜盆内熬。熬好后,张仲景把浓得像面团一样的稠状物捻成"药挺",并将这种"药挺"塞入老人肛门,约摸半个时辰后,老人痛快地解出了大便。

卫汛非常高兴如此成功的试验。可这算什么疗法呢?张仲景为它起了一名称——"灌肠法"。张仲景创造了这种新疗法,他自然地就是中国第一位使用"灌肠法"的医生了。

人工呼吸法

张仲景的创新精神在许多治疗上都有所表现。有一次,他出诊路过一个村庄。听村中的人说,有一位中年汉子已悬梁自尽。张仲景问明住址,就急忙赶到这汉子的家。他镇静地让两位青年人把这人轻轻地放在木板上。虽然他未救治过这类"死人",但是他想起,他曾看到一位老人抢救一头溺水的"死猪"的情景。何不用此法在这人身上试一试呢!

张仲景让两人各握"死人"的胳膊,一起一落地摇动。他自己用两手按那人的胸脯,一压一松,与两人动作同步。不久,这汉子竟苏醒过来了。人们望着张仲景,让死人复生,真是奇迹啊!

张仲景的抢救方法,现在称作"人工呼吸法"。张仲景是中国第一位使用"人工呼吸法"的医生。

撰写《伤寒杂病论》

张仲景一生行医,不仅接待过各种病人,看过许多病,而且十分注意医学理论上的研究与探索。人到中年,积累了不少经验。为了给后人留下一些经验和心得,张仲景决定撰写一本医书。到建安年间,他终于撰就此书,他给书起名叫《伤寒杂病论》。书中许多实用有效的方剂至今仍被人们使用，后人把此书誉为"医方之祖"。

《伤寒杂病论》提出关于理论、方法、方剂、药性等方面的辩证论治的原则，这些原则不仅是中医临床实践的指导原则，而且为以后临床医生的发展奠定了坚实的基础。它是中国医学史上影响最大的著作之一，为后代医家推崇备至。张仲景也被后世尊为"医圣"，受到后人景仰。

《伤寒杂病论》不仅为中国医方之祖，被后代医家奉为金科玉律，而且自唐宋以来流传到朝鲜、日本及东南亚各国，对他们医学发展产生了积极影响。甚至日本医学成立专门的研究团体，按书中的有关方剂制成中成药，广泛用于临床。

王叔和与《脉经》

　　王叔和，名熙，山阳高平（今山东微山与邹县之间）人。生于东汉光和三年（180年），卒于魏甘露五年（260年）。他所从属的王氏家族是三国时期的豪门望族，出现过一些达官贵人和文学名流。

　　出生在这样一个家庭，王叔和的生活和学习条件都很好，并且受到了良好的教育。王叔和学习很勤奋，博览群书，青年时期就已精通经史。由于政局动荡，战乱不已，王氏家族不得已离开家乡，迁居到荆州投奔刘表去了。因此，有些书说王叔和是荆州人。

　　王叔和读书时，十分留意医学。移居荆州后，正是张仲景行医活动鼎盛时期，他的医德和医道在民间颇有口碑，并且佳誉远播。这些事迹对王叔和产生了一定的影响。王叔和对古代医学经典著作进行了深入研究，注意方剂之学，尤其留意脉学理论。在行医实践中，他不断摸索，提高自己的医疗水平。

　　在荆州一带，王叔和已小有名气。好景不长，刘表死后，刘琮不敌曹军，便归附了曹操，王叔和也当上了曹操的私人医生。后来曹丕称帝，王叔和便成了御医，并任过太医令。

　　王叔和对张仲景极为尊敬，很注意张仲景的学术研究活动。张仲景去世后，他的《伤寒杂病论》因战火而散失。因此，王叔和很注意搜集散失的《伤寒杂病论》书稿，同时，王叔和对于《伤寒杂病论》进行研究和整理。最后，为了学习和研究的方便，他把该书分为两部分：《伤寒论》和《金匮（kuí）玉函要略方》（简称《金匮要略》）。当时，虽然已流行纸，但是著述仍然多记在简牍或绢帛上，写书是很困难的。由于王叔和的整理和收藏才使张仲景的名著保存至今，王叔和功不可没。

除了整理张仲景的著作，王叔和自己对脉学理论也有深入的研究。

切脉这种诊断方法是战国时期秦越人（由于他医术高超，人们称他为扁鹊）发明的。此后，脉学理论逐步得到发展，出现了许多关于脉学的研究著作。这些著作记录了许多切脉方法和对脉象的描述，大大丰富了脉学的理论和它在临床上的应用。然而，这些散乱在众多医学书籍中的脉学理论也有不少问题，特别是切脉方法不统一、不规范，对脉象的描述也不够准确。此外，脉学理论深奥，诊脉方法很难，不易掌握，编纂系统的脉学著作就显得很有必要了。

王叔和从医学书籍中学到许多脉学理论，结合自己的临床实践，感觉到有必要对以往脉学理论加以整理。为此，王叔和就开始大规模地搜集有关脉学的书籍，并且开始对它们进行整理，使之系统化。在此基础上，王叔和撰成《脉经》一书。

《脉经》首先将脉象的名称统一定为 24 种，王叔和对每一种脉象都做了细致的描述。其次又将切脉方法统一到"寸口脉法"，这种方法一直流传至今。

王叔和的《脉经》是对中医脉学的第一次总结，他所确立的原则为后世医家所采用，且沿用了 1700 多年。在唐宋时期的医学教育中，《脉经》用作脉学的教科书。此外，《脉经》对世界医学发展产生了积极影响。公元 808 年，日本编纂《大同类聚方》（100 卷）一书，其中脉学内容就取自于《脉经》。10 世纪，阿拉伯著名医家 A. A. 阿维森纳（980 年～1037 年）的《医典》中汇集了希腊、罗马、埃及、印度和中国的医学成就，书中第二编论及脉象 48 种，其中 38 种同中医脉象资料相同。13 世纪～14 世纪，波斯学者和医家 R. A. 哈姆达尼（1247 年～1318 年）主编的一本有关中国医学的百科全书，涉及脉学内容处还特意提到王叔和的名字。由此可见，中国的脉法在世界得以传播，王叔和的功绩是不小的。

在长期医疗实践中，王叔和作出了一些原则性的陈述。例如，王叔和认为，应重视早期疗法，提倡预防在前，特别提倡讲究卫生的好习惯，这在古医书中是很少见的。

王叔和整理《伤寒杂病论》和撰写《脉经》实在是功高千古，在中国医学史上占据着重要的地位。

麻醉术的发明

华佗是中国古代杰出的医学家，别名旉（音夫，fū），字元化，东汉沛国谯郡〔qiáo jùn，现在安徽亳（bó）县〕人。约生于汉冲帝永嘉元年（公元145年），卒于汉献帝建安十三年（公元208年）。

据记载，一天，有一个肚子疼痛10多天之久的病人，来找华佗治病，华佗检查后，认为病人的脾已溃烂了，必须割掉，不然就有生命危险。病人同意后，华佗拿出一包叫做"麻沸散"的药来，让他用酒冲服了下去。不一会儿，病人就像酒醉了似的，昏昏沉沉地睡着了，完全失去了知觉。华佗用煮过的手术刀剖开病人的腹腔，把溃烂的脾切下来，止住血，迅速用线把肚皮缝好，在刀口上再涂些生肌收口的膏药。病人醒过来后，肚子就不再那么疼了。华佗又开了些药给他吃，经过一个月左右的精心调理，病人的刀口长好了，完全恢复了健康。据《后汉书》记载，华佗用这种麻醉术还给病人做过切除肿瘤、胃肠吻合、剖腹取胎等大手术。

华佗给病人吃的"麻沸散"是一种有效的全身麻醉药，用酒冲服是为了增强麻醉的效力，因为酒本身也有麻醉的作用。可惜的是，华佗死后，麻沸散就失传了。据后人研究，华佗使用的麻沸散可能是用羊踯躅（闹羊花）、茉莉花根、当归、菖蒲等几味药按一定的配比煎制而成，或是由曼陀罗花（也叫洋金花，凤茄花）、生草乌、香白芷、当归、

华佗

川芎、天南星等六味药配制而成的。至于麻沸散的组成药物究竟是什么，还有待于进一步研究。值得高兴的是，近年来，中国医务工作者用曼陀罗花等中药，成功地实现了全身麻醉，使得已失传的中药麻醉术重放光彩。

华佗能在1700多年以前，发明全身麻醉术，这是一件很了不起的事情。我们知道，欧洲人发明麻醉药，到现在还不过100多年的历史。在此之前，动手术需要先放血，血流出的多了，病人就会晕过去，等病人失去知觉后，再进行手术。这种方法是非常危险的，许多人因失血过多而在手术过程中死亡。直到1842年，法国人黑克曼开始用二氧化碳作麻醉药，但是这只能用于麻醉动物，不能用在人的身上。1844年，美国人柯尔顿用笑气（一氧化二氮）做麻醉药，效果也不太理想。1848年，美国人莫尔顿才开始用乙醚来做麻醉药。现在的西医还经常用乙醚来做全身麻醉。所以，华佗不仅是中国第一个，也是世界上第一个使用麻醉术进行腹腔手术的人。

华佗不仅精于外科，而且对内科、妇科和儿科都有很深的造诣。有一次，有两个人同时来找华佗看病，他们的症状一样，都是头痛发烧。经过仔细诊断，华佗给一个人开了泻下药，而给另一个病人开了发汗药。有人对此迷惑不解，问华佗下药不同的道理。华佗说：二人虽然病症相同，但是一人患的是外感风寒症（感冒），一个是热症，病因不同，开的药当然不同。果然，二人服药之后，病很快都好了。

一次，华佗在路上看见一个患咽喉阻塞的病人，腹空，却咽不下食物，十分焦急。华佗诊视之后说："此病不用服药，你可到前面那家卖饼店买三升醋菜水，一气喝下去，病自然会好。"病人按照他的话做了，不一会儿，吐出了一条像蛇似的虫子（相当于现在的蛔虫），病果然好了。

据《后汉书》记载，有位李将军的妻子得了病，叫华佗去看脉。华佗切诊后说："此病是孕期受伤，胎儿未下引起的。"李将军承认确实是伤胎，但是胎儿已下，因此对华佗的诊断有所怀疑。百日之后，李夫人病又复发，再次请华佗去看。华伦诊脉之后，见脉象如前，断定原来李夫人怀的是双胞胎，现在她腹中仍有死胎，便立即给她服汤药，同时采用针刺催产，并叫人助产，果然取出了一个死胎，婴儿形状尚可辨识，但是颜色已经发黑。

华佗还很重视疾病的预防，积极提倡参加体力劳动和体育活动。他在前人经验的基础上，创造了一套保健体操，名叫"五禽之戏"，即摹拟虎、鹿、熊、猿、鸟五种禽兽的动作，用以活动人体筋骨血脉，帮助消化、吸收，达到增强体质、预防和治疗疾病的目的。据说华佗的一个弟子吴普，每天坚持做"五禽之戏"，从不间断，活到90多岁还耳聪目明，牙齿一个也没有掉，听力和视力都很好。

华佗是一位医术很全面的医生，他对针灸术也很有研究。据《后汉书·华佗传》说，华佗针灸时，取穴少而疗效高。他首先提倡在脊背骨两侧的穴位上扎针治病，后来人们将这些穴位称为"华佗夹脊穴"。华佗还知道，这些穴位治病效果虽然不错，但是如果在扎这些穴位时稍有疏忽，就可能造成生命危险。有一次，一个叫徐毅的病人请华佗看病，说是自己请医官刘租针灸治疗过，可是病情不但不见好转，反而咳嗽起来了。华佗在查看了病情之后，悄悄告诉病人的家属说，徐毅是被那位医官扎伤了内脏，已没法救了。果然没过多久，徐毅就死去了。

历史上有名的曹操，曾患偏头痛，发病时头痛欲裂，他所有的医官没有一个能治这种病。他把华佗召到许昌，华佗经过细心的诊断和认真的分析，选定穴位扎了几针，就把曹操的偏头痛治好了。

曹操很想把华佗留在身边当侍医，而华佗不愿只为曹操一个人服务，就借口思念故乡，请假回家了。后来，曹操多次催促他返回许昌，他又借口妻子有病，拒绝了曹操的调遣。当曹操得知华佗的妻子并没有生病时，非常气恼，派人把他押回许昌，关进了监牢。华佗不为名利诱惑，不为威武所屈，坚决不肯只给曹操治病。曹操气怒之下，便将华佗杀害了。华佗在临死前，把几部记录了他一生行医经验的书拿出来交给看守的狱卒，请狱卒将它们保存下来流传后人。但是这个狱卒胆小怕事，不敢接受。华佗只得含泪把全部书稿烧掉了。

华佗的著作没有保存下来，但他丰富的医疗经验却通过他的许多弟子流传下来了。如以针灸出名的樊阿，对本草深有研究的吴普，著有《本草经》的李当之，都将华佗的经验部分地继承下来。

华佗一生始终甘愿在民间行医，鄙薄功名利禄，立志以医济世。当时沛国宰相陈珪曾推荐他去做孝廉，东汉太尉黄琬也举荐他进京做官，都被他拒绝了。后人为了纪念他，在他去过的一些地方设立了华祖庙。其中江苏沛县华祖庙庙门两旁有副对联，总结了华佗的一生：

"医能剖腹，实别开岐圣门庭，谁知狱吏庸才，致使遗书归一炬；

士贵洁身，岂屑侍奸雄左右，独憾史臣曲笔，反将厌事谤千秋。"

第一部针灸专著——《针灸甲乙经》

我们去看病，一进诊室就可以看到几幅针灸穴位的指示图，常引起人们的注目。这些图的来源历史久远，而研究针灸理论的第一部专著是西晋的皇甫谧（mì，215 年～282 年）撰写的。

皇甫谧字士安，自号玄晏先生。他是安定朝邦（今甘肃灵台）人。

皇甫谧六世祖一直在朝廷内做大官，曾祖父皇甫嵩（sōng）做过太尉，并封为槐里侯，祖父以后家道开始衰落。由于家境不好，17 岁时皇甫谧被过继给叔父，并且随叔父一家迁到新安（今河南渑池）。

十几岁的皇甫谧不求上进，终日游荡，无所事事。加上他言语表达能力差，人们还以为他是个痴呆。叔母对他的行为很担心，就时常教诲他。叔母讲："为人事亲要尽孝道，而孝顺家长最重要的是要按家长的话去做好事。你不好好念书，不思进取，怎么能安慰我们呢？古代孟子的母亲曾三迁居处，就是为了有一个好的学习环境，长大之后有所作为。难道是我们未能给你找到一个好的居处，使你如此愚鲁。对你来说，时常修养身心可以终生受益，我们也会感到高兴的。"

叔母的这番话果然打动了皇甫谧。虽然他快 20 岁了，仍拜师学习。后来由于家贫，只得边耕作边读书。

20 岁时，叔父喜得一子，皇甫谧就回到了家乡。这时，有些人好言劝他，应结交一些达官贵人，为将来做官作准备。但是，皇甫谧并不这样认为，他有自己的看法。为此他写了一篇文章《守玄论》来表达自己的志向。他认为，"居田里之中，亦可以乐尧舜之道"。由于他终日苦读，嗜书如命，人们就叫他"书淫"。由于他"耽玩典籍，忘寝与食"，有人认为，过于耗费体力和精神有损健康，劝他要有所节制。皇甫谧则用孔子的话回答他们："朝闻道，夕死可矣！"

皇甫谧40岁时，当时曹魏王朝的相国司马昭曾广征天下人才，命包括皇甫谧在内的37人进京做官，唯有已届"不惑之年"的皇甫谧依然故我，上书《释劝论》辞就，并上表向皇帝借书一车，不断地求学上进。后来，司马炎称帝，数次下诏征招，皇甫谧才赴许昌就职。居官期间，他大量地写作，成为大学者，在文学界和史学界享有很高的声誉。

由于皇甫谧在文学上享有盛名，当时许多文学名流都愿同他结交。据说，当时尚未成名的文学家左思用10年时间构思，撰成《左都赋》，但是不为时人所重。后来，左思拜访皇甫谧，皇甫谧读完《三都赋》，高度评价了这篇赋。张华等人也极为推崇，对左思日后的文学创作有所影响。正是皇甫谧等人的赞赏，使左思一时名扬天下，许多人竟相传抄此书，使洛阳的纸价猛涨。这就是"洛阳纸贵"的来历。

早年的皇甫谧也流俗于时尚，为求长生不老，服一种"寒食散"，结果中毒，痛苦不堪，一时想用自杀来解除痛苦。有了这一次痛苦的经历，皇甫谧认识到，应了解一些医理。皇甫谧42岁时，得了风痹症，造成半身不遂，右腿偏小，耳也聋了。这样，为了自治，他便下定决心要学好医学。

皇甫谧非常仰慕历史上的名医，他很遗憾未能与他们相识，但是这些人的事迹仍时时激励着他，使他发奋要成为一位有名的医学家。

皇甫谧认真研读了《黄帝内经》、《针经》（古名《灵枢》）、《难经》等书，他尤其注重秦汉以来关于针灸的研究成果。在阅读古籍时，他感到古籍的篇章已有所散失，且内容深奥难懂，很有必要编修一部更加全面的针灸专著。

结合临床上的经验，皇甫谧在甘露四年写成了《黄帝三部针灸甲乙经》（宋代时改称《针灸甲乙经》或简称《甲乙经》）。书中对《黄帝内经》、《针经》和《黄帝明堂经》三本书中的医学理论和针灸内容作了取其精要、分类归纳的工作，最终编定《针灸甲乙经》。

《甲乙经》中记述针灸的穴位共349个，比《黄帝内经》（160个）要多1倍多。对于穴位的排列，人体主干按照头、背、面、颈、肩、胸、腹等解剖部位来排列，比《黄帝内经》的排列要更合理，更符合人体经络穴位排布规律，此书确立了后世针灸穴位基本排列规则。

《甲乙经》一书对后世影响很大，从晋到宋的1000年间，所有针灸书质量都未能超过它。

《甲乙经》对世界医学发展产生了重要影响。日本和朝鲜都把它作为针灸教学的蓝本。当今国际针灸学会也把《甲乙经》列为必读的著作。

皇甫谧的人生哲学是老庄学说，虽名重文史，却甘于淡泊，安贫乐道；虽享誉医界，却不喜浮华，不慕虚名。在丧葬习俗上，他主张节俭。他认为用苇席裹尸就可葬埋，无需陪葬物，但是务必深埋。他是这么说的，死后也是这样做的。今天，在很多地区大兴厚葬之风，不妨学一学皇甫谧。

袖珍方书济生民

西晋时期，在丹阳句容（今江苏句容）的乡间小路上，人们常看到一个十几岁的少年，身背书箱匆匆赶路。差不多这方圆几十里的村庄他都去借过书。多么好学的孩子啊！人们都很钦佩这个穷苦少年，把他作为求学少年的榜样。

这位少年就是后来的大科学家葛洪。葛洪字稚川，自号抱朴子，生于晋太康四年（283年）。葛洪是世家子弟，祖父曾在东吴做大官，父亲也做过西晋的太守。葛洪13岁时，父亲去世，家道也就败落下来了。

虽然家里贫穷，可是葛洪却依旧嗜书如命。本来家里的书是很多的，后因屡遭战火，家里的书或被烧了，或被劫掠，所剩无几。求知若渴的葛洪只能向邻居借书。有些书很重要，需要反复研读，这样，他就把它抄下来。特别是借来的书中，有些不完整，从几处借的书凑在一起才能构成完整的内容，葛洪的办法还是抄。由于家贫，买不起灯油，就点枯枝照明，可见葛洪抄这些书是非常艰苦的。就是这样，葛洪抄写的书共有410多卷。这些书为葛洪后来的研究工作提供了重要的条件。

葛洪16岁时开始读《孝经》、《论语》、《易经》、《诗经》。20岁时，为讨伐叛乱，葛洪曾组织"义军"，因战功被封为"伏波将军"（一种荣誉称号）。葛洪仗义，把得到的赏赐都分给了大家和一部分穷苦人家。

平叛之后，葛洪求学之心依然不泯。他想北上洛阳访求奇书，开阔眼界。东晋初年，葛洪被封为关内侯，有人推荐葛洪任掌管艺文图籍的官，以修国史，但是葛洪未允。后来，为了炼丹，他到广西做了一名县令。

葛洪像

葛洪对医学的兴趣非常浓厚，他刻苦地钻研医书，并且广泛地搜集民间验方。葛洪写下了许多医学书籍，例如《金匮（kuì）要方》一百卷，《神仙服食方》十卷等书，可惜它们都失传了。传留下来的只有《肘后备急方》，它的原名是《肘后救卒方》（简称《肘后方》），"肘后"就是说此书可藏纳于袖中，类似今天的"袖珍"之意。《肘后方》主要是为医生进行紧急诊疗之用，类似于今天的"袖珍临床诊疗手册"。

葛洪编纂此书的目的，除了方便医生之外，还考虑到所采集的药材应是一些既廉价又实用的药材，而且还要保证药到病除。因此，葛洪的原则是要有效验方，并且便利和便宜。这显然是考虑到大部分穷人家的要求，也可能由于葛洪少年家贫时有所体会吧！

这本书的确是一直受到人们的欢迎。南北朝的陶弘景（456年～536年）就曾为此书增补内容，使它达到101个方子，书名改为《补缺肘后方百一方》。12世纪时，杨用道对此书又加以增补，改编为今天所见的《广肘后备急方》。

一般人对狗都有一种莫名的恐惧感，特别是被疯狗咬过，人就会得狂犬病。这种病使人极为痛苦，只要有一点儿刺激，病人就会抽搐不止，甚至听到倒水声就会抽风。

如何医治这种病呢？葛洪翻阅古籍，试图找到治疗方法。查了不少医书，虽然未找到疗法，但是《黄帝内经》中的"以毒攻毒"之说对葛洪有所启发。经过摸索和实验，葛洪认为，把疯狗打死，可以用疯狗的脑浆涂在病人的伤口上，这就可以使病人的病不再复发。

葛洪的方法含有免疫思想的萌芽。1881年，法国生物学家路易·巴斯德（1822年～1895年）采用病原菌毒素的接种法防治一些疾病，开创了免疫学。巴斯德的作法是，使兔子染上狂犬病，而后将病兔的脑髓取出，制成针剂，以预防和治疗狂犬病。巴斯德的作法与葛洪差不多，但晚了1500多年，葛洪可以说是免疫学的先驱了。

葛洪还记录了一种恙（yàng）虫病。现在知道，它是由一种叫"立克次体"的微生物（1930年，日本的长与又郎发现）所致的急性传染病。

葛洪救急图

葛洪提到一种"沙虱病"。病初起时，皮肤呈米粒大小的红色斑，触之如刺痛。几天之后，全身痛且发烧，关节也痛，严重的甚至可以致死。在国外，最早记录这种病的是日本的桥本伯寿于1810年做出的，他命名为"都都瓦"。这比葛洪晚了1500年。葛洪观察得很仔细，他发现"沙虱"（恙虫的幼虫）是此病流行的原因。"沙虱"是很小的，只有0.25毫米×0.3毫米大小。葛洪将"沙虱"与疥虫相比，可见他是熟悉疥虫的。国外，最早记载疥虫的是阿拉伯医生阿文佐亚（1113年～1162年），这比葛洪晚了 800 年。

　　天花是一种十分可怕的传染病。据说，东汉将军马援于建武年间（25 年～56 年）攻打湘西苗族人时，他与一些士兵因传染天花而死去。天花是被俘虏传染的，因此人们把它称为"虏疮"。葛洪对这种病作了详细记述：头面和身上起斑疮，并迅速向全身发展，如火烫起泡，泡中有白浆。治疗不及时就会死掉。治好后会留下紫瘢，要一年的时间才会消退。葛洪的方剂是煮葵菜，捣蒜汁服用。葛洪的记述是中国最早的，比起阿拉伯医生雷撒斯的记述早 500 年。

　　葛洪对传染病的记载，有出血热（流行性钩端螺旋体病）、黄疸性肝炎、结核病、寄生虫病以及江南流行的血吸虫病。

　　从今天症状学看，葛洪上面的记述是很有价值的。此外，他还记载了江南流行的脚气病和"角弓反张"病（破伤风类病症）。"角弓反张"一词在今天临床上仍在使用。

　　对于脚气病，葛洪认为应多吃大豆、牛乳、蜀椒和松节、松叶。从现今分析看，它们含 V_B 的成份较多。可见葛洪的认识与今天是一致的。对于疟疾，葛洪针对不同的疟疾提出不同的疗法，特别是他提到的"青蒿"，为现代中国医学工作者提供了很好的启发，他们从中提取青蒿素。它对于恶性疟疾（特别是脑型疟疾）和对奎宁有抗药性的疟疾有显著疗效。因此，被称作抗疟史上的一次突破。

　　葛洪还提到一些独特的疗法，如捏脊疗法、治疗食物或药物中毒的方法，以及紧急抢救的方法（如掐人中穴等）。

　　对于针灸疗法，以前的医书多是详于针法，而略于灸法，葛洪则倡导灸法。他在《肘后方》中记载针灸法 109 条，其中灸法占 99 条。他对灸法的作用、效果、操作方法和注意事项都作了详细记载，并且确定了灸的计量单位——壮，为针灸疗法的发展奠定了基础。

　　说到灸疗，还应提到葛洪妻子鲍姑。她是中国历史上唯一的著名女灸师。当时她因灸法高超而名噪一时。后人为纪念她，在广州越秀山下开凿了"鲍姑井"，并修建了道观"越冈院"。

　　葛洪继承传统的思想，很重视养生。他发扬《黄帝内经》中"治未病"的思想，列出 10 多个预防瘴气、疫疠、温毒的方剂。在痢疾流行时，他主张全家人每月定期服药，进行预防。

　　葛洪一生主要是炼丹。炼丹时，他发现了不少丹药可以防病和治病，如铜盐（碱式碳酸铜）可以杀菌，铜青（碳酸铜）可以治疗皮肤病，密陀僧可以防腐，雄黄和艾叶可以消毒等。他把炼丹的部分知识用于医疗实践，使丹药发挥了应有的作用。

　　葛洪对中国医学发展作出了重要贡献，他的诊疗方法和技术对中医发展有一定促进作用。

中国古代的炼丹术

炼丹术，又叫炼金术、点金术、黄白术、金丹术等。它是用人工方法炼制，既可使人长生又能用以点金的万应灵丹的方术。炼丹术，以中国为最早。后来，中国的炼丹术经阿拉伯传入欧洲。

16 世纪初期，医药化学最主要的代表人物——瑞士的医药化学家帕拉塞尔苏斯（1493 年～1541 年）把医药化学和炼金术结合起来，认为化学研究的目的不是炼金，而在于制药。他给炼金术提出了一个更为广义的含义，他认为：炼金术是将天然的原料加工成为适合某种新要求的、对人类有益的产品的任何过程。就是说冶金工匠把矿石转变为金属叫炼金术；药剂师从矿物或动植物中提炼药物的过程为炼金术的过程；厨师用麦子、肉类加工成食物也叫炼金术。因此这个定义包含了所有的化学工艺和生物化学工艺。

16 世纪末至 17 世纪初，德国化学家、医药学家、炼金方士李巴维（1540 年～1616 年）在 1605 年～1606 年间出版的《炼金术》著作中，也给炼金术的定义作了修正。他认为：炼金术是通过从混合物中离析出实体的方法来制造特效药物和提炼纯净精华的一门技术。这个定义很接近我们今天的化学实验操作技术，而且可以说它概括了化学的全部含义。

17 世纪末，由于化学家波义耳、物理学家牛顿等人对炼丹术的进一步研究，炼丹术中神秘的部分被彻底抛弃，机械论哲学步入了炼丹术理论的殿堂，炼丹术开始向着科学的化学发展。所以说炼丹术是近代化学的原始形式。

炼丹术的诞生地之所以在中国，是由于中国很早就有了"成仙"的传说。在原始社会时期，人类还没有制服大自然的能力，对于接触到的各种自然现象和自然灾害，如雷雨、风暴、闪电、火山爆发等等，感到不可理解和难以抗拒，因而就产生了"万物有灵"的思想，并对这些超自然的力量产生迷信和崇拜，认为万物都是由神灵在主宰，并且人类也是有灵魂的。他们还幻想着人死之后灵魂便脱离肉体到另外一个世界中去生活。

殷商时期，人们把疾病和死亡看作是一种"祸祟"，而"祸祟"是神鬼所降或是蛊的作怪或是祖宗的惩罚。传说把许多毒虫放在器皿里，使其互相吞食，最后剩下不死的毒虫叫蛊。所以，他们治疗疾病大多是用龟甲、兽骨进行占卜，然后通过祈祷，希望得到祖宗的保佑和祈求神灵的宽宥。祈祷祖先、祭祀鬼神以除疾病只是当时人们单方面的一种愿望，然而祖先、鬼神却是在"另一个世界"，可以幻想而不可效往，于是便出现了自称是"下晓人事"、"上通鬼神"的巫医，他们所从事的活动叫巫术。

随着社会生产力的提高，人们的物质生活日益丰富，在医学兴起的同时，也产生了长生不死的愿望。于是在人们的想像中便有了长生不死的神仙之人，出现了很多神话传说。比如，传说后羿从西王母处得到长生不死之药，嫦娥偷吃后，便飞到了月亮宫里，成为月中仙子。这就是神话中的嫦娥奔月的故事。传说中还有一对神仙夫妇，男的叫萧史，女的叫弄玉。萧史善吹箫，能够吹出鸾凤之音。秦穆公之女弄玉也喜欢吹箫，穆公就把女儿嫁给了萧史。数年之后，萧史炼出飞云丹，并给弄玉服食，结果，萧史乘龙，弄玉乘凤，升天而去。

到了战国时期，不论是南方的楚国，还是北方的燕、齐两国，都有了关于神仙和不死之奇药的传说。尤其是在北方的燕、齐两国，盛传渤海中有方丈、瀛洲、蓬莱三座神山，那里居住着神仙。所以齐威王、齐宣王、燕昭王都曾派人入海寻仙求药。这个时候，巫人便发展成为方士，他们正是神仙说和不死之药的编造者和鼓吹者。《韩非子》一书中记载了方士向楚荆王献不死之药的故事，但是并没有说明这种药是否是人工炼制的。无论怎样，炼丹术在战国时期确已萌芽。

《史记》中记载了秦始皇、汉武帝求仙寻求长生不死之药的情况：秦始皇时代，因为始皇帝好神仙，不愿老死，曾派徐市（fú，音福）、胡广等率领几百名童男童女到东海去寻仙求药。汉武帝时，炼丹家李少君、栾大等人见武帝刘彻热心于神仙与长生之术，遂乘机向汉武帝建议说："祠社则致物（招致鬼物），致物而丹砂可化为黄金，黄金成，以为饮食器则益寿，益寿而海中蓬莱仙者可见，见以封禅（祭天地）则不死，黄帝是也。"意思是说：祠社可以招致鬼物，鬼物到了就可以使丹砂（HgS）变为黄金，黄金做成的饮食器可以延长寿命，从而就可见到蓬莱仙人，见到仙人后，再到名山祭祀天地，便可长生不死。刘彻听了这些建议之后，一方面派人到蓬莱求仙，另一方面使人把丹砂和别的药剂一起试制黄金。

从《史记》的这些记载可见，早期的炼金炼丹是和祭天地鬼神的迷信色彩紧密相联的。秦始皇时期是向仙人求药而不是人工制造，而汉武帝时期已经有方士用丹砂及其他药剂一起炼金炼丹了。

汉武帝时期，淮南王刘安（公元前 177 年～前 122 年）是著名的炼丹家。他和他的一些宾客写了不少有关炼丹方面的书，可惜大多已失传了，只有《淮南子》（或称《淮南鸿烈解》）二十一卷和不完整的《淮南万毕术》还存在着。书中记载了许多如丹砂、汞、铅、曾青、雄黄等等炼丹药物。

到了东汉，出现了原始道教，炼丹术与其相结合，并借用道教中关于长生、神仙等宗教说教为其理论工具，使得炼丹术有了更为广泛的基础。从此以后，炼丹术就成为道家工作的一部分，而今天保存着的炼丹著作，大部分就包含在道教大丛书的《道藏》里。东汉时期的魏伯阳（约公元 100 年～170 年）号称中国炼丹术的始祖，他的著作《周易参同契》是世界上现存最早的炼丹术著作，书中记载的有关炼丹知识现在看来虽然很有限，但是在 1800 多年前的汉代，实在是难能可贵。

东汉末年，佛教作为一种外来的宗教开始在中国流行，进而刺激了道教派的道士们，他们为了保住自己的势力，扩展自己的声势，开始寻求牢固的根基。最后，他们把《道德经》奉为圣典，奉老子为始祖，称其为"太上老君"。从此，道教形成了一个更为严密更为统一的一个宗教派系。东汉末年，炼丹大师狐刚子（2世纪中期人）师承道教始祖张道陵（公元34年～156年），在炼丹技术上取得了重大的成就。他关于干馏法制取硫酸的记录是世界上最早的，他认识到金银矿的地质分布规律。为了饮服金银以求长生，狐刚子还提出了金银法制作工艺。狐刚子的炼丹实践内容很多，并取得了很高的成就，其地位与黄帝、刘安等人并驾齐驱，受到后代炼丹术士的崇敬。

西晋只经过一个极为短促的太平时代，不久就到了非常混乱的南北朝时期。统治阶级中的世家豪族，在政治上腐败，思想上空虚，他们不是高谈玄学、神学，就是大搞炼丹活动，幻想着通过服丹能够延年益寿，羽化登仙。不少人服用了寒食散（或称五石散，主要原料是钟乳石、赤石脂、朱砂、紫石英、硫黄等）而导致中毒甚至丧命。这时期的炼丹术向着畸型的方向发展。然而，为了解除这种中毒现象，炼丹家和医药学家们急于炼制调治之药，大大地促进了医学外科治疗以及制药化学的发展。魏晋南北朝时期的著名炼丹家当推葛洪和陶弘景。

炼丹术大约自隋代之后，逐渐形成了两个派别：一派强调修炼五金八石，炼制丹药，属外丹派；另一派为罗浮山道士苏元明最先倡导，继承了中国传统的气功，称为内丹派。

唐朝时期，由于皇室姓李，恰与老子的姓氏一致，因此唐皇帝称他们是道教教主老子的后裔。于是唐代尊道教为国教。因而炼丹术就在帝王和宗教的双重势力结合下得到了进一步发展，形成了炼丹术的黄金时期。除了皇帝和大臣们宠信方士相信长生不死之外，唐朝的许多著名诗人文豪也对炼丹术有着极大的兴趣，诸如韩愈、柳宗元、刘禹锡、白居易等等。唐代杰出的炼丹家有孙思邈、孟洗、陈少微、金陵子、梅彪等人。唐代的炼丹著作也有很多，如孙思邈的《丹房诀要》、《备急千金要方》，梅彪的《石药尔雅》，楚泽的《太清石壁记》等，都详细记载了炼丹的原料和炼丹的方法等。

由于统治者的大力提倡，唐代的炼丹术达到顶峰时期，但服食丹药中毒死亡的现象也日趋严重。唐代太宗、宪宗、穆宗、宣宗等皇帝先后因服食丹药中毒身亡。文人墨客因服食丹药而中毒死亡的也不少。因此到宋代时期，炼丹术已开始走向衰落，相当多的人对历代惨痛的服丹之祸终有所悟。同时，炼丹家们发现，那些灵丹妙药虽不能令人长生，但可以疗人疾病，于是炼丹术由炼制长生不老的神丹妙药转向寻求治病的制药学，或者转到炼气养神的内丹领域。到了明代，炼丹术就趋于没落，清代可以说已经销声匿迹了。

炼就仙丹好长生

炼丹术在中国有 1000 多年的历史，虽然它的目的主要是炼制长生不死之药，但是炼丹家在炼丹的过程中却认识了许多化学现象和化学反应，积累了很多化学知识和操作技术，创造了不少化学实验器具和设备。而且炼丹家制备的许多药物可以治疗多种多样的疾病，比如唐代炼制和使用的轻粉（即甘汞，$HgCl_2$）、白降丹（也是甘汞，$HgCl_2$）和红升丹（Hg_2Hl_2）等，到现在仍经常在外科医学中应用。轻粉可以治疗癣疥，白降丹可以治疗疮疽，红升丹可以拔毒收口等。

中国的炼丹术大约在唐宋时期西传到阿拉伯，在那里经过一定的发展之后，又传到欧洲。18 世纪中期到 19 世纪初期，炼丹术开始转向科学的化学发展。因此，中国古代的炼丹术对近代化学的诞生也作出了不可磨灭的贡献。

"万古丹经王"

　　近代化学的起源可远溯中国的炼丹术。炼丹术从 8 世纪～9 世纪传入阿拉伯，记作 al－Kimiya，12 世纪传入欧洲，拉丁文译作 al－chimia，16 世纪演变为 chimie（法文）、chemie（德文）和 chemistry（英文）。

　　炼丹术分为内丹和外丹。内丹强调导引术和吐纳术等，主要是对人体内的精、气、神进行锻炼，长久坚持下去就可以使凡人变为仙人。外丹主要是炼出一种仙药可以使人长生不死，并且可以多多制取黄金。黄金是最宝贵的东西，"金性不败朽，故为万物宝"，这是东汉炼丹家魏伯阳的认识。

　　魏伯阳，名翱，号云牙子，会稽上虞（今浙江上虞）人。生卒年不详，主要活动时期是桓帝时期（147～167 年）。葛洪（283 年～343 年）撰写《神仙传》，对魏伯阳有所记载。他说："魏伯阳出身高贵，而性好道术，不肯仕宦，闲居养性，时人莫知其所来。"炼丹术起源于公元前 2 世纪，到魏伯阳的生活年代已经很发达了。据说，已有 600 篇关于炼丹术的书籍，假托黄帝之名的《龙虎经》已面世。魏伯阳的文学素养很好，后来他对炼丹术的理论和技术进行总结，写成《周易参同契》一书。这是世界上第一部关于炼丹理论的著作。

　　《周易参同契》并不长，只有 6000 多字。这是魏伯阳对前代人和他自己炼丹经验的总结，书中涉及了一些实验，提出了不少新的药料，其中铅是最主要的。然而，魏伯阳写作此书用的都是隐语，后人阅读理解时颇费猜测，就连南宋思想家朱熹注释此书时也感到非常困难，尽管他曾注释"四书五经"很权威。

魏伯阳认为，"故铅外黑，内怀金华（银）"。这就是说，可以从铅中提取银。汞加上铅就是"真金"（"白者（汞）金精，黑者（铅）水基"）。

关于汞的知识，魏伯阳是这样写的，"河上姹女，灵而最神，得火则飞，不见埃尘。鬼隐龙匿，莫知所存，将欲制之，黄牙为根。"其中"姹女"不是美女而是汞，"黄牙"就是硫磺。诗的大意是说：水银加热就挥发，但是它遇到硫磺就生成丹砂（硫化汞），就可以固定下来，所以制服水银要以"黄牙为根"。

对于汞与铅的作用，魏伯阳写道："太阳流珠，常欲去人，卒得金华，转而相亲，化为白液，凝而至坚。""太阳流珠"也是水银，"金华"是铅。魏伯阳用汞与铅作用生成铅汞齐。

魏伯阳用铅粉做实验时写道："胡粉投火中，色白还为铅。""胡粉"就是铅粉或铅白，化学名称是碱式碳酸铅，把它投入火中就还原为铅了。同铅白不同，"金入于猛火，色不夺精光"，可见金的性质是很稳定的。

《周易参同契》中最详细的内容是"还丹"。这是一个比较复杂的实验，每一步骤都要求较为严格的配比和反应条件。魏伯阳的做法是：（1）先取 15 份铅和 6 份汞，用炭火加热以生成铅汞齐。（2）加热铅汞齐，水银蒸发，而铅被氧化成一氧化铅（PbO）和四氧化三铅（Pb_3O_4，即"黄牙"或"铅丹"）。写成反应式是

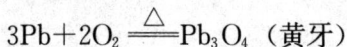

$$3Pb+2O_2 \xrightarrow{\triangle} Pb_3O_4 \text{（黄牙）}$$

（3）将铅丹与 9 份水银混合、捣烂，研成细末，而后把它们置入丹鼎，密封其中。加热时，先文火、后猛火，要时时察看，注意调节温度。反应完成后，就炼成紫色的"还丹"（氧化汞）。写成反应式就是

$$2Pb_3O_4 \xrightleftharpoons{>500℃} 6PbO+O_2 \uparrow \text{（下丹鼎）}$$

$$+$$

$$2Hg \rightleftharpoons 2HgO \text{（上丹鼎）}$$

魏伯阳还用隐语提到许多化学物质，如丹砂、胆矾、云母、礜（yù）

石、氯化铵、铜等物质。

在论述长生不老的可能性时，魏伯阳说道："巨胜（胡麻）尚延年，还丹可入口。金性不朽败，故为万物宝。术士服食之，寿命得长久。"这是在模拟自然变化而求得长生，这当然是不可取的，也是没有道理的。

炼丹的职业并不是人人可为的，特别是"还丹"入口，人命关天。魏伯阳很注意历史的教训，他认为，物质变化是自然界的普遍现象，炼丹也是如此，但是，如果药物配合不当，就是"黄帝临炉"也会失败的。

《周易参同契》还记述了炼丹用器具（丹鼎）的尺寸。魏伯阳把丹鼎看作一个小宇宙，万物变化之理尽在其中。

魏伯阳的《周易参同契》是后代炼丹家普遍遵循的经典，因此人们尊他为"万古丹经王"。尽管如此，魏伯阳炼丹的主要药料是铅和汞，它的毒性对人体有害，真要是服用，它的危险性是很大的。幸而炼丹术并不普及，否则造成的危害不堪设想。

值得指出的是，《周易参同契》对近代科学的发展作出了重要贡献。据说，由于朱熹作注，《周易参同契》非常有名，这本书于 1698 年被传教士带回德国，著名数学家和物理学家哥特弗里德·威尔赫姆·莱布尼茨（1646 年~1716 年）正是受此书中的八卦图所启示，于 1701 年创制出二进制的数字表。此后，莱布尼茨到逝世前一直保持着研究中国学术思想的热情。

大炼丹家葛洪

葛洪（283 年～343 年）幼年好学，虽家贫而不辍（chuò）。他的曾祖父葛玄（字孝先）好丹术，世称葛仙公，曾向左慈学习。这个左慈是曹操的同乡，号"乌角先生"。《三国演义》第 68 回"甘宁百骑劫魏营，左慈掷杯戏曹操"中，左慈"饮酒五斗不醉，肉食全羊不饱"，并且戏弄曹操。书中有诗称赞他"飞步凌云遍九州，独凭遁甲自遨游"。葛玄向左慈学习，可见葛玄炼丹水平是不会低的。

葛洪曾苦读儒家经典，立志为文，后来他觉得，自己在这方面没有什么发展，这才改换门庭，弃儒从道。18 岁时，他去庐江（今安徽庐江）的马迹山中，找到葛玄的弟子、方士郑隐（字思远），拜师学炼丹。在这里，葛洪看了许多炼丹术的著作，并且自己开始撰写这方面的著作。

20 岁后，葛洪决心遍访天下炼丹道士，先后与几百名道士有过交流。24 岁时，他听说南海（今广东广州）太守鲍靓（字太玄）学习神仙方术。在这里他同鲍靓之女鲍姑结婚。鲍姑在灸学上很有造诣，在当地行医小有名气，她对葛洪行医给予很多帮助。

离开鲍舰之后，葛洪回到故里，潜心研究，专心著述。35 岁时，基本上完成了他的名著《抱朴子》和《神仙传》等。《抱朴子》分内篇 20 卷和外篇 50 卷，其中外篇主要阐述儒家思想，内篇则讲神仙方药、养生延年、禳（rǎng）祸消灾之法，属道家之说。

葛洪做官的时间并不长，而且挑选做官的地点，往往是出产炼丹好原料的地方。50 岁时，听说交趾（Jiāo zhǐ，今越南北部和广西一带）出的丹砂质量很好，就请求做句漏（góu lòu，今广西境内）县令。他走到广州时，太守邓岳挽留他，并请他做东莞（dōng guǎn，今属广东）太守。这与葛洪的愿望不合，他拒绝了，让他的侄子做了一名"记室参军"的小官。葛洪则到罗浮山（分布在广东东江北岸的增城、博罗、河源诸县）的主峰飞云顶附近。这里的风景很好，瀑布和泉水很多，道教曾称此处为"第七洞天"。的确是一个炼丹的好地方。

葛洪临死前曾致书邓岳，说他"当远行寻师，克期便发"。邓岳赶至山中时，未及见面，葛洪已逝去。入殓（liàn，装进棺材）时，体"甚轻如空衣"，世人传说，他已成仙了。

葛洪著述甚丰，史称"富于班（固）（司）马（迁）"，"博闻深洽，江左（东晋江南之别称）绝伦"。

古代炼丹家使用无机化合物炼取"长生不老"药物，同时也希求"点石成金"，把贱金属变为黄金和白银。葛洪由儒转道，除了对以往炼丹术的经验加以总结外，还在炼丹实践中加以验证。

葛洪使用的药物有丹砂（HgS）、雄黄（As_4S_4）、雌黄（As_2S_3）、曾青 $[2CuCO_3 \cdot Cu(OH)_2]$、石胆（$CuSO_4 \cdot 5H_2O$）、硫黄（S）、玄黄（主要成份是 PbO、Pb_3O_4 和 HgO）、慈石粉（Fe_3O_4）、醋等物质。炼丹方式分为水法和火法。所谓水法就是溶化、加热、冷却和结晶等方法；火法是加热、升华、蒸馏等方法。

在《抱朴子内篇·金丹卷》中，葛洪对前世炼丹经验加以整理和记述。其中记载了 9 种"神丹"：丹华（升华的 HgS）、神符（又称"神药"，就是水银；或称"还丹"，PbO 与 HgO 的混合物）、神丹（也称"飞精"，升华的 As_4S_4 和 As_2S_3）、还丹（包括 Hg、As_4S_4 和 S 等 8 种物质的混合物）、饵丹（As_4S_4 和 HgO 的混合物）、炼丹（也是 8 种物质的混合物）、柔丹（主要成份是 HgO）、伏丹（玄黄与曾青、慈石粉的混合物）和寒丹（Hg 和 As_4S_4 等 6 种物质混合作用而成）。

炼丹术士最重视的是丹砂，对它的炼制也十分神往，名曰"九炼还丹"。其实它涉及的化学反应并不复杂，葛洪说道："丹砂烧之成水银，积变又还成丹砂。"化学反应式为：

$$HgS+O_2=Hg+SO_2$$
$$2Hg+O_2=2HgO$$

这里，葛洪把红色的 HgO 误认为丹砂 HgS 了。丹砂是重要的炼丹物质，这可能是人类用化学合成方法制取的最早产品之一。

葛洪炼丹图

《金丹卷》中共涉及了 28 种"仙丹"的制取方法，由此可见，当时炼丹的操作规程已很完整。炼丹术士大量的炼丹实践不仅取得了大量的炼丹经验，而且利用许多原料，制取了许多的化学制剂，并且记述了大量的化学和物理变化情况。

葛洪重视铅的研究，他认为，"铅性白也，而赤之以为丹；丹性赤也，而白之以为铅"。它的反应过程是：

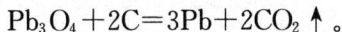

$$3Pb+2O_2=Pb_3O_4,$$
$$Pb_3O_4+2C=3Pb+2CO_2\uparrow。$$

葛洪对点石成金也有浓厚的兴趣，因为要把铜、锡、铁、汞变成金或银，对铜锡铁汞要进行研究。不过，葛洪的某些炼法只是一种置换反应而已。他说道："以曾青涂铁，铁赤色如铜……而皆外变内不化也。"反应式为：

$$3CuCO_3+2Fe+2H_2O=3Cu+2FeO（OH）+3CO_2\uparrow$$

葛洪观察并知道铁的表面发生了变化，而内部成份不变。金属置换反应的认识，对后来水法治铜工艺是有所启示的。

在炼制黄金的研究过程中，葛洪研制出溶解黄金的"金液方"。由于他对成份秘而不宣，今人估计，因为要用 100 天的时间才能溶掉黄金，所以葛洪使用的可能是用水银生成金汞齐，或覆盆子溶解。覆盆子含氢氰酸，在空气中可以溶金。找到溶解黄金的方法，这在化学发展史上的确是一项了不起的成就。

除了炼丹和行医之外，葛洪对天文学也有研究。在宇宙演化理论上，他赞成浑天说，反对盖天说。在探索宇宙本原时，葛洪指出，包括人在内，万物皆由"气"构成，"气"是万物的本原。

葛洪在机械制造上也有所发明，在《抱朴子内篇》中有这样一段文字："……或用枣心木为飞车，以牛革结环剑，以引其机。"这区区 18 个字对飞车的结构特点做了扼要的说明。这应是关于直升机原理的最早记载了。在此之前虽有类似的记载，但是对它的结构都未谈及。20 世纪 50 年代，英国科技史专家李约瑟同中国科学家刘仙洲和竺（zhǔ）可桢谈到这一段话，后来著名机械复制专家王振铎应邀为此进行了研究和复制。

看样子飞车只是一个螺旋桨，可以看作是一个简陋的直升机模型，由于没有提到载荷问题，可能只是一个设想，并未进行制作和试验。不过，葛洪的奇思异想已是一个很了不起的构思了。

在求仙的途径上，葛洪除了强调道家在炼丹服药的功夫之外，还吸取了儒家的观点，强调道德修养，"欲求长生者，必欲积善之功"。不行善于世，长生又有什么用呢?!

尾　篇

　　如果说，"没有奴隶制，就没有希腊国家，就没有希腊的艺术和科学"（恩格斯），那么在雅典时期，希腊的科学和文化的发展达到了顶峰，而希腊后期则对以前的科学和文化进行总结，并使之体系化。中国则进入封建时期，对以前科学文化的发展也开始进行类似于希腊的总结。

　　希腊后期，其科学与文化发展的中心已由雅典转入埃及的亚历山大里亚城。这座城市建于公元前 332 年，使它名声远播的是这里的图书馆，其中 50 万卷图书和手稿几乎可以看作是希腊科学与文化的全部。随着希腊文化的衰落，这座图书馆也连遭厄运。当恺撒进攻亚历山大里亚城时，罗马军队放火焚烧埃及舰队。然而，"城头失火，殃及池鱼"，图书馆也被付之一炬。到公元 392 年，罗马皇帝狄奥多西取缔异教。为了消灭异教文化，其矛头也指向了亚历山大里亚城的图书。当时，藏于神庙的 30 万卷图书再遭厄运。公元 640 年，阿拉伯人占领埃及，劫后的图书又遭焚毁，其"理由"是十分可笑的：如果书上的内容与《古兰经》不同，这种书就要被淘汰；如果与《古兰经》相同，这种书也就没有必要存在了。所以，这里的图书就只有一个结果——焚毁。

　　罗马人征服了希腊人，建立了环地中海的庞大帝国，但在文化上他们却被希腊人所征服。罗马人兴建了高高的水道、开阔的道路和桥梁、宏伟的建筑，然而在科学上却无建树。

　　在东方，到公元前 221 年，嬴政统一了华夏，建立了强大的帝国，其政治和经济体制奠定了其后 2000 年的封建格局。像罗马人一样，秦始皇在公元前 213 年和前 212 年采取了"焚书坑儒"的手段，在历史上写下了极不光彩的一页。

　　当刘邦建立汉王朝之后，为后来 400 年的稳定发展奠定了基础，并且迎来了中国古代科技史上的第一个高峰。中国古代四大发明中的指南针和造纸术就是在汉代完成实用化的。

　　同秦代不一样，汉代的科学文化政策是较为开明和宽松的。虽然汉武帝接受了董仲舒的"罢黜百家，独尊儒术"的建议，但是研究诸子学说的学派还是不少的，特别是搜集和整理"秦火"之后的先秦典籍一直受到普遍的重视。

科学文化的环境往往是开放的，各个地区之间交流对科学文化的发展是必要的。亚历山大清楚地认识到这一点。他所征战的地区，除了建立政治统治和发展工商业，亚历山大还实行了东西方文化合流的开明政策，使人民的思想和生活方式统一起来。尽管这一政策在亚历山大在世时很难实行，但是在他死后得到大规模的发展。因此，希腊后期文化实际上是埃及、巴比伦和波斯等国文化的融合和发展，是东西方文化合流的新文化。甚至希腊后期的政治、科学和文化中心也迁到了东方——埃及亚历山大里亚城。

这一时期，中国与西域的科学文化交流是较为频繁的。尽管汉武帝是出于政治和军事目的，他派遣张骞出使西域，同西域建立军事联盟，以打击匈奴的势力。但是，中国与西域的交往对华夏和西域科学文化的发展具有重要的意义。到南北朝时期，原有的夷夏之别大大模糊了。与西方不同，日耳曼人的兴起导致西罗马帝国的灭亡。而西晋之后，北方少数民族入主中原，他们并不是将原有的文化铲除，而是自觉或不自觉地承担起继承和发展历史文化的责任。苻坚和王猛的汉代政策，以及北魏冯太后和孝文帝的改革都意识到各民族文化的融合问题。这些政策也形成了中国再次统一（于隋）的基础。而南方科学文化的发展更是中华文明的进一步拓展。正是中国各民族的文化融合和发展大大促进了中华民族的发展。

希腊后期的科学文化发展仍旧呈现出繁荣的景象，特别是亚历山大里亚城保持着它的特殊地位。中国在春秋战国的基础上也取得了长足的发展。在科技和文化的发展上，中国和希腊是当时的两个中心。在东西方文明的进程中，他们各自发挥着重要作用。然而也要看到他们的区别：希腊文明所放出的辉煌已是夕阳西下时的晚霞映照，而中国的封建文化则是朝霞初起时所放出的光芒。